# TERMODINÁMICA ESENCIAL

## Juan Cristóbal Torchia Núñez
## Jaime Cervantes de Gortari

© Derechos reservados 2010
Juan C. Torchia Núñez y Jaime G. Cervantes de Gortari

# PRÓLOGO

La Termodinámica es sorprendente. En realidad, es el estudio de fenómenos que se presentan en la vida diaria, en todos los procesos naturales a lo largo y ancho del universo y están relacionados con el calor, la temperatura, la capacidad térmica y las conversiones de energía entre muchos otros conceptos más. El estudio de la Termodinámica tiene varias particularidades. Puede explicar fenómenos tan comunes como el enfriamiento de una taza de café en la mesa así como otros más complejos como el estudio de plasmas y las temperaturas negativas de ciertos materiales magnéticos. Sin embargo, lo extraordinario es que siempre lo hace bajo las mismas reglas, no importa de qué objeto se trate o bajo qué condiciones, las reglas son las mismas siempre y para todos.

Para no desanimar al lector, diremos que una ventaja en el estudio de esta ciencia es que las matemáticas que se utilizan en el análisis termodinámico son relativamente sencillas y cualquier estudiante de nivel superior podría manipular las ecuaciones que se utilizan en la Termodinámica. Para que el lector no se llene de optimismo, también diremos que una de las desventajas de la Termodinámica es el lenguaje. El estudiante encontrará palabras que probablemente verá por primera vez, cuya definición es difícil de abstraer y que no parecen tener relación con las aplicaciones de la Termodinámica en la vida diaria. Una vez que se entiende adecuadamente el vocabulario de la Termodinámica, entonces es cuando las tazas de café, el funcionamiento de un motor de combustión, los plasmas y un sin fin de fenómenos pueden analizarse formalmente con una estructura de conocimiento maravillosamente simple. Por último, probablemente para desanimarlo aún más, la dificultad más grande con la que se enfrentan los estudiantes es relacionar el mundo de los conceptos como entropía, energía y entalpía con las aplicaciones: turbinas, compresores, plantas de potencia, refrigeración, etc.

La Termodinámica es una ciencia que funciona como herramienta de análisis. Sirve para resolver tanto problemas teóricos como reales. Explica fenómenos físicos que las demás ciencias no podrían. Es útil, sencilla y vasta. Los conceptos que han emergido de ella se utilizan en la biología, matemática, economía e incluso psiquiatría. Existe una pésima propaganda alrededor de la Termodinámica que los docentes se han encargado de reafirmar. Se dice que es terriblemente complicada, oscura en sus conceptos, desconectada de la realidad y en términos prácticos del estudiante, una losa pesada en el diagrama de asignaturas de la carrera profesional. Pensamos que no debe ser así y un esfuerzo por impedir la perpetuidad de esta idea acerca de la Termodinámica son estas páginas.

Este documento no es un libro de texto ni de consulta. Se ha intentado hasta donde fue posible no utilizar fórmulas, gráficas o figuras con la intención de que todo lo que aquí se presenta sea una discusión informal sobre los aspectos más importantes de la

Termodinámica. No se pretende un curso formal de Termodinámica, más bien es un acercamiento coloquial, diferente y amigable a los conceptos de la Termodinámica: un compendio de razones y cuestionamientos mediante los cuales el acceso a la Termodinámica se convierte en un ejercicio de lectura y asociación de experiencias personales.

Juan Cristóbal Torchia Núñez<br>
Jaime G. Cervantes de Gortari

## CONTENIDO

| | |
|---|---|
| INTRODUCCIÓN | 1 |
| FUNDAMENTOS DE TERMODINÁMICA | 11 |
| PROPIEDADES DE LAS SUSTANCIAS | 35 |
| PRIMERA LEY DE LA TERMODINÁMICA: ENERGÍA | 63 |
| SEGUNDA LEY DE LA TERMODINÁMICA: ENTROPÍA | 75 |
| EPÍLOGO | 89 |

# INTRODUCCIÓN

¿Alguna vez se ha quemado con una papa? Recuerde el momento detenidamente. Parecía tibia en la superficie cuando estaba en el plato, caliente pero inofensiva. Sin embargo, una vez dentro de su boca, desmenuzándose se ha convertido en una masa ardiente que exige ser enfriada.

El procedimiento para aliviar la sensación depende de la situación. Si la papa está extremadamente caliente, basta escupirla y alegrarse de que todo haya pasado rápido. Si está acompañado, se abren dos posibilidades: 1) le importa que la(s) persona(s) a su alrededor lo vean escupiendo la papa y soporta el dolor con estoicismo o 2) no le importa lo que lo demás piensen y la escupe.

¿Habrá alguna alternativa que no involucre la súbita eliminación de la papa desde la boca? La respuesta es afirmativa y además lo hacemos casi de manera automática. Colocamos los labios en forma de "O" e inducimos una corriente de aire fresco hacia nuestra boca de manera periódica, entrando aire frío y saliendo aire caliente una vez que estuvo en contacto con la papa. La frecuencia a la que entran las bocanadas de aire es bastante alta. Inhalación y exhalación ocurren en un periodo de tiempo muy corto. A pesar de esto, necesitamos un buen tiempo de este ejercicio de respiración para enfriar en cierta medida la papa dentro de la boca. Aparentemente el método de enfriamiento con el aire del ambiente no suele ser muy efectivo.

Existe una manera mucho más efectiva para enfriar la papa. Si tiene un vaso de agua, bébalo y haga una mezcla con la papa ardiente en la boca. Notará inmediatamente una sensación de alivio. Si intentara enfriar la papa con aire, la sensación de alivio llegaría en mucho más tiempo. ¿Qué posee el agua que el aire no posea, o en dado caso, qué tiene el agua en mayor medida que el aire? Algo tiene que ver el calor en todo esto. También la temperatura debe jugar un papel importante. Calor y temperatura son ideas que surgen intuitivamente en situaciones de este tipo, aún sin que sepamos su significado con rigor. La humanidad tardó cientos de años en encontrar una respuesta adecuada a la naturaleza del calor y la temperatura.

Si tenemos la noción de que la capacidad térmica del agua produce una sensación de alivio mucho más rápida que la del aire, podemos generalizar esta idea y decir que en cualquier aplicación donde se requiere enfriar rápidamente algo, será mejor usar el agua que el aire. Del mismo modo, podríamos imaginar que se calientan más rápido los objetos con agua caliente que con aire caliente. ¿Existirá alguna otra sustancia todavía más efectiva para enfriar o calentar objetos? ¿De qué dependerá esta propiedad llamada capacidad térmica?

Las leyes que describen cómo se enfría una papa en la boca son las mismas leyes que explican el enfriamiento del motor de un automóvil, la producción de millones de toneladas de vapor cada minuto en las calderas del país e incluso la muerte de las estrellas más lejanas cuando se agota su combustible. Esta es una de las cualidades de la Termodinámica, que a partir de pequeños ejemplos de fenómenos que ocurren en la vida común y corriente, se pueden generalizar leyes que describan el comportamiento de objetos que ni siquiera podemos ver, tocar o imaginar.

Debemos obligar al lector a involucrarse íntimamente en los aspectos que cubre la Termodinámica por dos razones: 1) la Termodinámica estudia fenómenos que ocurren cada momento en cada rincón de todas las cosas que nos rodean y 2) una infinidad de procesos industriales basan su funcionamiento en las leyes que establece la Termodinámica.

Nada es ajeno a la Termodinámica. Desde una partícula hasta un conjunto de estrellas pueden analizarse mediante la óptica de la Termodinámica y ésta es una característica además de una ventaja asombrosa. El lector no debe sentirse ajeno a los conceptos que maneja la Termodinámica ya que éstos, más allá del vocabulario extraño, son tan comunes como cualquier ocurrencia en la vida diaria.

El refrigerador, la sopa caliente, la fuente en el parque, el tanque de gas del puesto de comida en la calle y las manos de una persona frotándolas para espantar el frío son todos dispositivos que se estudian en Termodinámica. La aplicación de los principios de esta ciencia contribuye a un mejor entendimiento de los fenómenos físicos y de la tecnología producida a partir de ellos. La Termodinámica existe, es palpable. No es un invento, es un descubrimiento del ser humano.

Probablemente la cocina sea el laboratorio de Termodinámica más desaprovechado en la historia de la enseñanza de esta ciencia. Las recetas de la abuela, los atajos en la elaboración de los alimentos, las técnicas exactas de la repostería y los olores que provienen desde nuestra infancia están íntimamente ligados con la Termodinámica. Puede ser difícil de creer que toda la base teórica y abstracta de una ciencia desemboque en algo que pueda servirse a la mesa, pero seguramente pensó que la papa caliente tampoco podía analizarse desde otro punto de vista que no fuera el de una anécdota de sobremesa. Como veremos, los resultados del análisis termodinámico, no solamente pueden solucionar aspectos culinarios, sino que han establecido un sistema de generación de electricidad con una capacidad de 3,000 GigaWatts alrededor del mundo.

Desde el punto de vista utilitario, la Termodinámica estudia la manera más conveniente de conseguir aquello que busca afanosamente la humanidad para satisfacer sus necesidades. Si usted no lo sabía, el ser humano busca producir *movimiento*. Intentaremos convencer al lector que muchas de las cosas que utiliza el ser humano para satisfacer necesidades provienen del *movimiento de algo*. No son importantes ahora los agentes que lo producen o para qué se utiliza; lo importante es, en todo caso, las características del movimiento. El ser humano busca el movimiento ordenado. Nadie compra un coche para que esté estacionado. La gente compra automóviles porque los traslada de un lado a otro. La gente utiliza la capacidad del automóvil de trasladar un cierto peso a lo largo de una cierta distancia. Se busca el movimiento, pero este movimiento debe cumplir ciertos requisitos, no cualquier movimiento es útil.

Imagine que un vehículo se pone en movimiento. Si cada una de las partes viaja en la misma dirección, se tiene un movimiento ordenado y el vehículo cumple su función. Sin embargo, piense que se construye un automóvil donde cada una de las llantas toma una dirección distinta. El resultado es un vehículo inmóvil y totalmente inservible. Vayamos con un ejemplo más dramático, para efectos del argumento. Una persona aborda un vehículo. El vehículo estalla acompañado de una gran pira de fuego. La explosión produce un movimiento repentino de todas las partes del automóvil incluyendo a la persona. Este movimiento lleva a la persona hacia diferentes partes al mismo tiempo muy rápidamente, lo cual no es de mucha utilidad.

Si se piensa con detenimiento, muchísimos de los satisfactores del ser humano provienen o son, directamente, *movimiento ordenado*. La mayoría de los dispositivos que hacen "cosas" tienen partes móviles. Casi todas las máquinas construidas por el ser humano deben estar en movimiento para producir un efecto útil. Las partes de las máquinas deben moverse con un patrón definido: las hojas de acero de las licuadoras poseen un movimiento rotacional determinado, al igual que los álabes de una turbina, las brocas de los taladros, entre muchos otros ejemplos. Un automóvil tiene un movimiento de traslación, al igual que un avión, la banda de una línea de producción o el agua dentro de una tubería. Entonces, tanto el movimiento rotacional como el de traslación son dos tipos de movimiento ordenado.

Pasemos a un movimiento más sutil. Los electrones moviéndose ordenadamente dentro de un conductor eléctrico es un tipo de movimiento ordenado, lo cual es un efecto muy atesorado por el ser humano. Basta ver el humor de la gente cuando se va la luz. Cuando los electrones se mueven desordenadamente, no se produce, en la mayoría de los casos, un efecto útil.

Para cerrar la discusión del tipo de movimiento que es valioso para el ser humano, recuerde cómo bebe usted el café. ¿Lo traslada directamente de una taza hacia su boca o desde la taza lo lanza hacia su cara esperando que algo del café entre a la boca? Seguramente contestará lo primero. Obviamente para tener un resultado óptimo en el traslado del café desde la taza a la boca, este traslado debe ser ordenado, sin que existan salpicaduras. La misma Termodinámica como ciencia formal nace cuando se estudiaba una manera más de movimiento ordenado: las máquinas de vapor que se usaban para sacar el agua de las minas inundadas.

Así tal cual el café se transporta desde la taza hasta la boca o el agua desde el fondo de la mina hasta la superficie la energía también puede transportarse. La energía que absorbe una corriente de agua en el boiler de casa queremos utilizarla a la salida de la regadera. Los calentadores de las estufas se diseñan precisamente para transportar la energía producida en una combustión hacia el recipiente donde se calientan los alimentos. No interesa ahora saber lo que es la energía, lo importante es reconocer que existen situaciones en las que se transporta la energía.

A veces este transporte es muy evidente, por ejemplo, en la regadera el agua caliente transporta su energía a nuestro cuerpo y por eso la sentimos caliente. En otras ocasiones, no se detecta con tanta facilidad: la consecuencia de transportar energía desde la mano hasta un gis en el suelo del salón es recoger el gis y colocarlo en el escritorio. No todos los transportes de energía están asociados con lo caliente o frío.

Como sea, la energía se transporta, pero es importante reconocer que existen dos maneras de hacerlo: ordenada y desordenadamente. La manera desordenada implicaría lo mismo que lanzarse el café a la cara, "salpicar" una cierta cantidad de energía a los alrededores y por lo tanto un desperdicio. La manera ordenada sería imaginarse que el transporte de energía se produce sin dejar "rastros" en los alrededores. El transporte de energía ordenado es lo que hemos estado llamando movimiento ordenado.

Así las cosas, el ser humano utiliza el movimiento ordenado para moler granos, para encender aparatos de televisión, para cortar materiales y cruzar el Atlántico en cuatro horas. La mayoría de estas tareas ya se realizaban mucho tiempo antes de que aparecieran las bases teóricas de cómo funcionaban las máquinas. Las bases teóricas sobre cómo funcionan los dispositivos que utilizan o producen movimiento ordenado las proporciona la Termodinámica. Así, la Termodinámica explica la manera en que la humanidad busca satisfacer necesidades, usa y desperdicia los recursos destinados para tal efecto.

Podemos resumir estas ideas diciendo que la Termodinámica establece las reglas bajo las cuales un enorme conjunto de fenómenos físicos se lleva a cabo, entre ellos, los que el ser humano utiliza para la producción de un movimiento ordenado.

No es posible el conocimiento de la Termodinámica sin establecer un vocabulario adecuado para la definición precisa de los conceptos que conforman a esta ciencia. Cada uno de los conceptos se definirá con rigurosidad y dentro de lo posible se darán ejemplos fáciles de abstraer para facilitar su entendimiento. Desafortunadamente, los conceptos de la Termodinámica poseen características tan generales que se entienden como ideas abstractas o incluso metafísicas. Esta percepción es completamente errónea ya que cada una de las leyes de la Termodinámica y su método de estudio se fundamenta en hechos experimentales.

Las leyes de la Termodinámica determinan los estados que pueden o no alcanzarse a partir de un estado inicial. Las leyes de la Termodinámica son válidas para cualquier sistema (macroscópico o microscópico), para un sistema con un solo constituyente o millones, para estados en equilibrio o fuera del equilibrio, para procesos rápidos o extremadamente lentos.

# FUNDAMENTOS DE TERMODINÁMICA

**Definición de Termodinámica**

Si usted sabe etimologías reconocerá que, literalmente, la Termodinámica es el estudio del movimiento del calor. Existe una gran variedad de definiciones para la Termodinámica. En la vasta literatura de este campo de conocimiento, la mayoría de ellas tienen las palabras energía, calor y trabajo asociada a la definición. Hasta cierto punto, tenemos una idea intuitiva de lo que significa el calor cada vez que tenemos frío, de la energía cada vez que estamos agotados y del trabajo cuando nos cuesta realizar una acción. Sin embargo, sus estrictas definiciones requieren mucha más discusión. Nosotros proponemos una definición un tanto diferente a las que pueden encontrarse en los libros de texto clásicos sobre la materia.

*La Termodinámica es la ciencia que estudia los estados y su accesibilidad*

Aunque más adelante se definirá con rigurosidad lo que es un estado, se puede adelantar que estudiar estados consiste en conocer bajo qué condiciones se encuentra una o varias sustancias. Igualmente, la Termodinámica ofrece las herramientas necesarias para saber bajo qué circunstancias es posible acceder a un estado o simplemente es imposible hacerlo. La naturaleza impone reglas para que ocurran unas cosas u otras: el café caliente siempre se enfría, nunca se vuelve a hervir por colocarlo en la mesa de la cocina. Hacer unos huevos revueltos requiere una cierta cantidad de tiempo sobre el fuego de la hornalla y no únicamente acercarle un diminuto cerillo encendido. Todos estos fenómenos se basan en reglas perfectamente establecidas por la naturaleza y que el hombre se ha encargado tortuosamente de encontrar después de mucho estudio, observación y experimentos.

La Termodinámica aborda conceptos y situaciones que otras ciencias no pueden. Si el aire alrededor de un misil que viaja a una cierta velocidad está caliente las leyes de la Mecánica serán exactamente las mismas que si el misil viaja a través de aire frío. Si un recipiente perfectamente forrado de unicel para impedir que haya fugas de calor, se expande logrando mover la tapa, la Mecánica puede explicar el movimiento de la tapa, pero es imposible que sepa que la energía interna de la sustancia en el recipiente disminuyó. La Mecánica no es tan general como la Termodinámica. Existen dos únicos conceptos que ninguna otra ciencia, salvo la Termodinámica, podrían entender: *temperatura y entropía*. Este rasgo característico la coloca en una jerarquía superior de todas las ciencias físicas, ya que estira sus dominios hasta la economía y biología.

**Método termodinámico**
El método termodinámico es un conjunto de pasos con el objetivo de estudiar los fenómenos físicos de acuerdo con la Termodinámica. El método consiste en unas reglas sencillas que vamos a describir a

continuación pero se estudiará con más detalle en los siguientes capítulos. El análisis está basado en la aplicación de 4 leyes, llamadas leyes de la Termodinámica.

Imagine que mientras dos amigos hablan en la calle uno de ellos observa algo en la acera de enfrente que lo deja estupefacto. El otro amigo está de espaldas y en ese instante no sabe lo que ocurre, pero según el rostro sorprendido de su amigo puede hacerse una idea. Siguiendo con este ejemplo, piense que lo que esta persona observa es un choque. Es lógico pensar que de acuerdo a la intensidad en la reacción del amigo sorprendido, el otro amigo tendrá una idea de la magnitud del evento (choque) a sus espaldas. Al observar el cambio en las características físicas de la persona que presencia el choque, la persona que está de espaldas puede saber con total exactitud la magnitud del choque.

Podemos pensar lo mismo a la inversa. La persona que está de espaldas, conociendo a su amigo y usando el sentido común, intuye la cara que pondrá su amigo ante un choque en particular. Si el choque es dramático pondrá una cara entre terror y sorpresa total mientras que si el choque es benigno, el rostro será mucho menos exaltado. Podemos decir que existe una relación entre los choques y las reacciones de la persona. En general, en la naturaleza existen un sin fin de relaciones entre causas y efectos.

A través del conocimiento de los cambios en la característica de una sustancia, se puede establecer la magnitud del estímulo que recibe del exterior, o viceversa, si uno conoce el estímulo exterior, su intensidad, conocerá perfectamente el cambio producido en las características de la sustancia.

**Sistema**

El primer paso de cualquier análisis termodinámico es el reconocimiento y la definición completa de un sistema. En Termodinámica el sistema es el objeto de estudio. Cualquier colección de materia o región del espacio cumple con la definición de un sistema. Todo sistema está sujeto a las leyes de la Termodinámica y a la descripción de las características y condiciones de la sustancia mediante sus propiedades. Note que es una definición tan general que básicamente cualquier objeto o sustancia cumple con ella. De esta manera, la Termodinámica puede estudiar desde un conjunto de átomos hasta una galaxia entera. Sin embargo, los sistemas en los cuales los ingenieros estamos más interesados son aquellos como una central termoeléctrica, una válvula de estrangulamiento, el aire caliente en el cilindro de un motor de combustión, la tobera de un vehículo con propulsión a chorro, entre otros.

*Sistema cerrado.* El sistema cerrado no intercambia masa con otros sistemas o sus alrededores. La descripción de este sistema es una colección de materia donde el número de constituyentes (átomo, moléculas, etc.) no se altera. La masa se mantiene constante. Por ejemplo, un vaso con agua sobre una mesa es un sistema cerrado si despreciamos la cantidad de agua que se evapora hacia el medio ambiente, ya que no existe agua fluyendo fuera de las paredes del vaso o de la parte superior de manera apreciable. No tiene que estar físicamente cerrado el sistema, para que sea un sistema cerrado. En el caso del vaso con agua, si se quiere estudiar cómo se calienta cuando se coloca sobre una parrilla, el sistema debe considerarse cerrado mientras la evaporación no sea importante mientras que cuando hierve el agua no debe modelarse como un sistema cerrado.

*Sistema abierto.* En un sistema abierto, existe transporte de masa desde o hacia el sistema a través de las fronteras del sistema. A este tipo de sistemas se les conoce también como volumen de control (VC). La descripción más adecuada de un sistema abierto es una región en el espacio por donde puede cruzar una corriente de masa. Resultaría complicado identificar una determinada colección de materia que fluyera de un sistema a otro, ya que nuestro sistema cambiaría su posición a cada instante. Para simplificar el análisis, se escoge una región del espacio fija a través de la cual cruzan cuantas corrientes se tengan. Ejemplos típicos de sistemas abiertos: secciones de tuberías u otros conductos cerrados por donde fluye una corriente, intercambiadores de calor, turbinas, etc.

Cabe decir que la clasificación de un sistema como abierto o cerrado, puede ser arbitraria, dependiendo de qué sea lo que se pretende estudiar. Una caldera se puede considerar como un sistema abierto. En una caldera entra una cantidad de agua que después sale en forma de vapor. Por otro lado, entran aire y combustible necesarios para producir la combustión y a la salida se tiene una mezcla de gases. De esta manera, la caldera intercambia masa con los alrededores (vapor, aire y combustible cruzan las fronteras de la caldera) por lo que es un sistema abierto.

Sin embargo, en el caso de una planta termoeléctrica, se estudia generalmente como un sistema cerrado. Todo depende de cómo se definan los límites del sistema. Imagine la vista de una caldera desde arriba, y poco a poco se va alejando. A medida que se aleja, la caldera empieza a verse más pequeña y dentro de su visión aparece la turbina, el depósito de combustible, el condensador, las bombas, y hasta un gran lago que se utiliza como abastecedor de agua enfriamiento. Si usted lo desea todo esto se agrupa dentro de un mismo sistema y resulta que es un sistema cerrado porque aunque existan flujos de agua, de aire y de combustible en los diferentes dispositivos de la central, todos ocurren dentro del sistema pero ninguno de estos flujos cruza los límites. El criterio detrás de la elección de un sistema abierto o cerrado es básicamente arbitrario. Cada quien establece su sistema como mejor le convenga dependiendo las preguntas por resolver, las herramientas de análisis a la mano o la propia experiencia en el tipo de problema. Como se verá más adelante, si interesa conocer la eficiencia térmica de la central eléctrica, basta pensar en toda la central como un sistema cerrado. Sin embargo, si quisiera saber el funcionamiento individual, digamos, de la caldera se requiere representarla como un sistema abierto.

*Sistema aislado.* Un sistema aislado no tiene ningún tipo de comunicación con el exterior. Obviamente, se trata de un sistema cerrado. Si usted se encuentra dentro del recipiente no se entera de absolutamente nada de lo que ocurre afuera. Lo mismo si usted se encuentra afuera; no sabe lo que ocurre adentro.

*Frontera.* La división entre el sistema y los alrededores se le conoce como frontera. No existe un sistema si no hay fronteras. No se puede hablar de alrededores si no hay fronteras. Esta división puede ser real (paredes, bordes o superficies de los cuerpos) o ficticia. No se puede definir un sistema si las fronteras no se establecen a su vez. En muchos casos, las fronteras de un sistema representan paredes de recipientes o interfases entre sustancias, sin embargo, para el caso de los sistemas abiertos, donde el sistema es una región en el espacio, esta frontera generalmente es una división ficticia por donde atraviesa la masa que entra o sale del sistema. El tipo de fronteras que delimitan a un sistema, indica el tipo de interacciones que tendrá con los alrededores.

*Alrededores.* Los alrededores son todo aquello que no es parte del sistema. Muchas veces a los alrededores se les conoce como *medio ambiente* o *universo*. Sin embargo, la palabra universo debe tomarse dentro del ámbito de la Termodinámica, es decir, se trata del espacio cercano al sistema. Se da por sentado que la influencia de los alrededores con el sistema puede percibirse únicamente a poca distancia. Por lo tanto, un recipiente caliente transferirá calor a sus alrededores más inmediatos y no hacia cuerpos que estén a larga distancia.

*Los mal llamados "estados" de la materia*
No será difícil recordar que en cursos pre-universitarios tanto los profesores como los libros de texto presentaban básicamente tres estados en los cuales se puede encontrar la materia: sólido, líquido y gaseoso. En Termodinámica el significado de la palabra "estado" es diferente y mucho más amplio y por lo tanto utilizamos *estado de agregación* para describir aquello que describe a una sustancia como sólida, líquida o gaseosa. De hecho, existen otros *estados de agregación* tales como el plasma a millones de grados centígrados y el condensado de Bose-Einstein que se encuentra a una temperatura de millonésimas del cero absoluto.

*Fase.* Una fase es una región de una sustancia que comparte las mismas características de homogeneidad. A medida que recorremos la extensión de la fase, no encontramos divisiones abruptas o repentinas entre una fase y otra. Sí puede presentarse que la misma sustancia sea un compuesto o mezcla de varios elementos, por ejemplo, el agua y el aire, respectivamente. Sin embargo, si no existe una división macroscópica presente, se tiene la misma fase. Un sólido puede tener una variedad de fases, como lo muestran los aceros. La división entre fases se conoce como interfase o interfaz. En general, la interfase es fácilmente identificable ya que divide dos regiones de composiciones químicas diferentes y cada composición química presenta características mecánicas distintas.

En la vida cotidiana encontramos interfases con mucha facilidad. La división entre el mar y los témpanos de hielo en las regiones frías del planeta representan una interfase. La superficie que divide el vapor de agua contenido en la parte superior de una olla express del agua líquida en la parte inferior es otro ejemplo de una interfase. Una burbuja de vapor en agua hirviendo es un cuerpo esférico de gas limitado por una interfase. Y podríamos encontrar interfases en otras sustancias diferentes del agua, en muchos otros ámbitos de la ingeniería como en la fundición de los metales, sistemas de refrigeración por compresión, caloriductos, entre muchos otros.

Se puede clasificar a los estados de agregación de una sustancia en dos grupos básicos: sólidos y fluidos.

*Sólidos.* Un sólido es una sustancia cuya fase permite que ocurra una de dos situaciones cuando se le aplica un esfuerzo cortante:
1) se deforma ante el esfuerzo cortante y vuelve a su forma original cuando el esfuerzo se elimina, o
2) se mantiene deforme incluso cuando se eliminó el esfuerzo cortante

Una deformación es el desplazamiento de una región del cuerpo relativa a otra del mismo cuerpo. Para el caso 1) el cuerpo se comporta como un resorte, volviendo a su forma original, mientras que para el caso 2) el cuerpo queda deformado debido a que ha superado el límite plástico. Una vez que cesa el esfuerzo, el desplazamiento relativo de las partículas en regiones distintas de la sustancia se detiene o vuelve al estado inicial.

*Fluido.* Un fluido es una sustancia que no soporta esfuerzos cortantes. En el instante en que el cuerpo de interés se somete a un esfuerzo cortante, la sustancia fluye. Fluir significa que se produce un gradiente de velocidades en una o varias direcciones. Los fluidos se dividen en líquidos y gases.

*Líquido:* es un fluido cuya densidad no varía, es decir, se trata de un fluido incompresible. Cabe aclarar que la densidad de un líquido puede variar bajo ciertas condiciones (de ahí la palabra *casi*), sin embargo, para la mayoría de los casos prácticos, se puede pensar que un líquido es un fluido incompresible.

*Gas.* Es un fluido compresible, es decir, su densidad es variable. También se puede decir cualitativamente que un gas es un fluido que intenta ocupar la totalidad del recipiente que lo contiene. La diferencia entre un líquido y un gas es la compresibilidad. Si usted infla una pelota o una llanta con aire (gas) encontrará que puede seguir introduciendo bastante más aire dentro del mismo volumen, es decir, comprime el aire. Si usted intenta inflar una llanta con agua (líquido) no podrá introducir más agua de la que permite el volumen de ésta debido a que no puede comprimirse. La explicación de este comportamiento se encuentra en la separación de las partículas que conforman a estas sustancias y a las fuerzas que las mantienen unidas. Cabe decir que esta definición no implica que la densidad de un líquido *nunca* pueda variar o que la densidad del gas *siempre* varíe. Existen condiciones y aplicaciones donde se puede presentar que la densidad de un líquido varíe, por ejemplo, cuando se le calienta o se le acelera lo suficiente.

*Estado.* Un *estado* se encuentra descrito por los valores numéricos de sus propiedades, las restricciones exteriores (volumen del recipiente, campo gravitacional, electromagnético, etc.) y las restricciones interiores (paredes adiabáticas dentro del sistema, etc.) Con esta definición se puede notar que es un concepto totalmente distinto de lo que se conoce como *estado* en cursos anteriores. Pueden existir un número infinito de estados para cualquier fase o estado de agregación de la materia, ya que un líquido (fase líquida), por ejemplo, puede tener infinitos valores de presión, temperatura, volumen, índice de refracción.

*Proceso.* Cualquier perturbación que modifique el valor numérico de alguna o algunas propiedades se llama proceso. Un proceso siempre produce un cambio en el estado de un sistema. Si existe un proceso, el estado de un sistema se modifica debido a que, al menos una propiedad cambia. Con que sólo una propiedad varíe, se tiene un proceso. Mover un vaso de agua desde la mesa hasta el piso es un proceso debido a que cambia la posición en un campo gravitacional. No cambia la temperatura, ni la presión ni otra propiedad y aún así existe un proceso que modifica el estado del vaso de agua.

Existe un número infinito de maneras de realizar procesos, sin embargo, hay casos típicos que vale la pena mencionar. Cuando se trata de describir procesos primero hay que saber *qué ocurrió* y después saber *cómo ocurrió*.

**Tabla 1.** Procesos típicos en Termodinámica

| ¿Qué ocurrió? | ¿Cómo ocurrió? |
|---|---|
| Calentamiento | Isotérmicamente (temperatura constante) |
| Enfriamiento | Isobáricamente (presión constante) |
| Expansión | Isocóricamente (volumen constante) |
| Compresión | Isentrópicamente (entropía constante) |

Como indica la tabla 1, un proceso se describe mejor con dos palabras, aquella que describe lo que pasó y otra que dice cómo pasó. La tabla 1, se debe recordar, que son casos típicos de procesos y además, una columna no tiene correspondencia exclusiva con la otra, es decir, de ninguna manera un calentamiento deba ser *exclusivamente* isotérmico o un enfriamiento isobárico, etc. El enfriamiento de una bolsa de verduras en el congelador, el bombeo de jarabe en una fábrica de chocolates, la extracción de humedad de los granos de café y la combustión en el cilindro de los motores son ejemplos de procesos utilizados en la industria y en la vida cotidiana.

*Interacciones.*

Entre los sistemas y los alrededores pueden existir interacciones. Las interacciones son los procesos en donde se transporta algo desde un sistema hasta otro y a diferencia de las propiedades, no caracterizan a un sistema. Por consiguiente, propiedades e interacciones juegan papeles distintos pero complementarios en el análisis termodinámico.

Las interacciones producen cambios tanto en el sistema como en los alrededores. La importancia de conocer estas interacciones reside en el hecho de que los cambios ocurren cuando el valor numérico de una propiedad se modifica. Por lo tanto, podemos investigar hasta dónde llegan los cambios en un sistema, si conocemos las interacciones ocurridas. Existen 4 tipos de interacciones:

a) Masa
b) Energía
c) Entropía

d) Cantidad de movimiento o moméntum

Las interacciones producen procesos en los sistemas, pero eso no significa que *únicamente* pueda existir un proceso si hay interacciones. Un sistema aislado (un sistema que no interactúa de ninguna manera con los alrededores) puede experimentar procesos como reacciones químicas, cambios de fase, generación de calor, etc.

**Interacción de energía: calor y trabajo**
Imagine que le piden la siguiente tarea. Se debe llenar con agua una cubeta que está a unos cuantos pasos de una alberca, de tal manera que exista el menor desperdicio posible de agua proveniente de la alberca. Por alguna razón, la cubeta no puede moverse de manera que hay que trasladar el agua de la alberca hacia el recipiente de alguna manera. El tiempo no es un factor para decidir entre un método o el otro. Existen básicamente dos maneras:

1) Un vaso pequeño se llena con el agua de la alberca y su contenido se vacía en la cubeta. Se repite el mismo procedimiento hasta que la cubeta está llena.

2) Se cuenta con una bomba y una manguera. La bomba se sumerge en la alberca y la salida de ésta se conecta a la manguera. La bomba empuja el agua hacia donde se desee. La manguera no llega hasta la cubeta por lo que hay que apuntar hacia ella y esperar que el chorro caiga en la cubeta.

El procedimiento 1) aunque parezca lento, cumple perfectamente con la condición de que no exista agua desperdiciada en el trayecto entre la cubeta y la alberca. En el método 2) por el contrario, siempre habrá agua extraída de la alberca que no llena la cubeta, es decir, es imposible que no salpique agua fuera de la alberca.

Imagine que el agua no es agua sino energía, entonces el método 1) puede ser una analogía del trabajo mientras que el calor es representado por el método 2). Note lo siguiente: calor y trabajo no son el agua, son métodos de transportar energía. La semejanza entre el calor y el trabajo es que ambos transportan energía desde o hacia el sistema. Aunque no hemos definido lo que es energía, lo único que importa es establecer que la introducción de calor o trabajo a un sistema producirá un cambio en el contenido energético.

**Calor**

Es la manera de transportar calor de un lado a otro, únicamente debido a una diferencia de temperaturas. Muchas veces los estudiantes de Termodinámica confunden el concepto de calor con el de temperatura. Piense que usted abre una cuenta bancaria en la cual deposita una cantidad de 100 pesos. En algún momento, por alguna razón, debe depositar en otra cuenta una cantidad de 50 pesos. Entonces va al banco y pide que transfieran de su cuenta a otra esa cantidad de dinero. El cajero del banco nunca manda sus billetes o moneda por un tubo aspirador que le arrebata su dinero y lo manda directo a un cuarto donde está todo el dinero que conforma la cuenta a la que usted quería depositar. Eso no existe. Lo único que hace el cajero es mandar información. Inmediatamente, el capital de su cuenta (temperatura) ha disminuido en 50 pesos mientras que el capital de la otra cuenta (temperatura) ha aumentado 50 pesos. Lo que se transportó fue información, no dinero. El calor no es una sustancia material. Más bien es un método de transportar energía de un lado a otro debido a una diferencia de temperaturas. El capital de su cuenta no es información (calor), es dinero de verdad. Esa información solo tiene manera de existir entre su cuenta y la otra, pero no forma parte de ninguna de las dos. Las interacciones de energía (calor o trabajo) no pertenecen a ningún sistema, no lo caracterizan.

**Trabajo**

En cursos de Mecánica, el trabajo mecánico es el producto de una fuerza aplicada sobre un objeto y el desplazamiento debido a la aplicación de esta fuerza. El trabajo es la transferencia de energía entre sistemas que no está asociado a una diferencia de temperaturas, si no al movimiento de un cuerpo venciendo una resistencia. Este rasgo es fundamental y muchas veces ni siquiera se menciona: todo el concepto de trabajo descansa sobre la base de que se debe vencer una resistencia. No interesa quién produzca esa resistencia o cuánta resistencia exista. Puesto en palabras, el trabajo es la magnitud escalar que resulta de aplicar una fuerza a medida que se desplaza algo. Si no hay desplazamiento, no hay trabajo. Si usted empuja una pared y ésta no se mueve, no interesa qué tan cansado le resulte intentar mover la pared o con cuánta fuerza se empuje. Si no se desplaza, el trabajo es nulo.

Otro detalle es que tanto la fuerza como el desplazamiento deben de producirse en la misma dirección para que el trabajo no sea nulo. Como se ve en la ecuación, el trabajo es el producto escalar de dos vectores: fuerza y desplazamiento. Si estos dos vectores son paralelos, el trabajo es cero, aunque cada uno tenga valores distintos de cero. Si se aplica una fuerza vertical hacia arriba en una caja que se mueve hacia adelante, pero no existe ningún deslazamiento de la caja en dirección de la fuerza (hacia arriba), el trabajo realizado es cero.

En general, cualquier trabajo puede expresarse como el producto de una propiedad intensiva y una propiedad extensiva. A diferencia del calor, el trabajo tiene muchas formas, dependiendo de la naturaleza del sistema. Veremos más adelante, que únicamente bajo la perspectiva de la segunda ley de la Termodinámica, puede existir una diferencia entre calor y trabajo. Ahora bastará con decir que el trabajo es la manera de transportar energía entre sistemas que *nunca* va acompañado de un flujo de entropía.

Para el manejo matemático de las expresiones del trabajo y su uso en los balances de energía que provienen de la primera ley de la Termodinámica, se asigna un signo positivo o negativo al valor numérico del trabajo. Este signo es enteramente una elección y no una consecuencia de los fenómenos físicos. Existen dos convenciones establecidas en el estudio de la Termodinámica:

a) Convención del signo positivo: si el trabajo entra al sistema, el signo es positivo
b) Convención de la máquina térmica: si el trabajo sale del sistema el signo es positivo.

Independientemente de qué convención se adopte, los problemas se resuelven de la misma manera y no debe de influir en nada nuestra elección en la naturaleza de los fenómenos estudiados. La convención del signo positivo establece que el trabajo que entra a un sistema, que lo recibe en cualquiera de sus formas, tiene un signo positivo. Esta convención está basada en el sentido común de que si un sistema recibe energía mediante trabajo, tiene un efecto positivo en la energía del sistema, es decir, suma a la energía que ya poseía antes del proceso en el cual entra el trabajo.

En la convención de la máquina térmica, el signo es positivo cuando el trabajo sale. Esto se debe a que una máquina térmica tiene su razón de ser con el único objetivo de producir trabajo. Las plantas termoeléctricas son máquinas térmicas en donde el trabajo sale de la planta termoeléctrica y por tanto el signo es positivo, ya que es lo *más usual*. El signo del trabajo es una decisión, no una verdad establecida.

*Trabajo de expansión/compresión (o de frontera)*

Una de las formas de trabajo fundamentales para el estudio de los sistemas con sustancias compresibles (que son muchas y se estudian ampliamente en Termodinámica) es el trabajo de expansión o compresión, también llamado trabajo de frontera

$$W = -\int p\, dV$$

donde $W$ es el trabajo, $p$ la presión fuera del sistema y $V$ el volumen. Este trabajo consiste en que una o varias de las fronteras del sistema, ya sea cerrado o abierto, son móviles por lo que pueden ser desplazadas por una fuerza que provenga del sistema o de los alrededores. Una sustancia incompresible, por definición, no puede experimentar cambios en el volumen cuando se somete a una fuerza, por lo tanto, el trabajo de expansión o compresión para estas sustancias es siempre cero.

El signo (-) antes de la integral es una convención para obligar a que el trabajo sea positivo cuando entra. Si $dV > 0$, se dice que ha ocurrido una expansión ya que el volumen aumentó en el proceso. Si el sistema se expandió eso indica que hizo trabajo sobre los alrededores, es decir, el trabajo salió y según la convención del trabajo de signo (+), el trabajo que sale es negativo. Siempre que utilice la convención del signo (+), la expresión del trabajo de frontera debe llevar signo (-) antes de la integral. Si utiliza la convención de la máquina térmica, la integral no debe llevar ese signo (-).

**Equilibrio**

La Termodinámica clásica gira alrededor del concepto del equilibrio. Uno puede aplicar las leyes de la Termodinámica sobre algún sistema y llegar a resultados útiles sin haberse enterado de lo que es el equilibrio. Sin embargo, *toda la Termodinámica descansa sobre la base de que los sistemas se encuentran siempre en equilibrio.*

El equilibrio ocurre cuando se cumplen dos condiciones:

1) las propiedades del sistema no cambian de un punto a otro del sistema. La temperatura, por ejemplo, de una tortilla no debe ser mayor en el centro que en los bordes si está en equilibrio.
2) Las propiedades no deben cambiar con el tiempo. La tortilla no debe estarse enfriando.

Existen varios tipos de equilibrio dependiendo de la propiedad que tienda a cambiar en el proceso.

*Equilibrio térmico*: es la condición en la cual la temperatura es igual entre los sistemas de estudio. Cuando se ponen en contacto dos sistemas a diferente temperatura, se presenta un transporte de calor de un sistema a otro, espontáneamente, que se encarga de igualar la temperatura de ambos sistemas.

*Equilibrio mecánico:* En general, el equilibrio mecánico se presenta cuando la resultante de las fuerzas que actúan sobre un sistema es igual a cero. En este sentido, se habla de un equilibrio estático y dinámico. El equilibrio estático ocurre cuando el cuerpo posee velocidad nula, i.e., está en reposo. Mientras que el equilibrio dinámico resulta cuando la velocidad es constante. En el contexto de la Termodinámica, cuando dos cuerpos a diferente presión se ponen en contacto, existe un transporte de trabajo de uno al otro, que tiende a igualar las presiones de los sistemas.

*Equilibrio químico:* Se presenta cuando no existen zonas dentro de un mismo sistema con valores distintos de concentración de una especie y además cuando no hay reacciones químicas en el sistema.
El equilibrio de los sistemas es una condición obligatoria para que pueda definirse un estado. Sin posibilidad de definir los estados, es imposible utilizar las herramientas de la Termodinámica.

Piense en una olla de agua que usted calienta colocándola sobre una estufa encendida. La parte inferior de la olla que está en contacto con el fuego se calienta primero, su temperatura aumenta en relación al resto del agua en la olla. Entonces tenemos un sistema con, al menos, dos temperaturas: la alta temperatura del fondo de la olla y la baja temperatura del agua encima del fondo. Es imposible definir un estado en este sistema ya que existen dos valores numéricos para una propiedad en todo el sistema.

Si un sistema está fuera del equilibrio, las herramientas clásicas de la Termodinámica son incapaces de analizar tal sistema. Es imposible definir el estado de un sistema cuyas propiedades fluctúan en el tiempo y en el espacio. Esto produce un enorme problema. Si un sistema está en equilibrio, ¿cómo es posible que experimente un proceso (cambie una o más propiedades) si debe estar siempre en equilibrio (no varíen las propiedades)? Suena absurdo. Afortunadamente, se rodea el problema pensando que los procesos se hacen de una manera muy cuidadosa: *cuasi-estáticamente*.

*Proceso cuasi-estático*

Los procesos cuasi-estáticos son aquellos que producen cambios casi imperceptibles en el estado. Al pasar de un estado al otro, todos esos estados que debe cruzar el sistema se consideran estados en equilibrio, es decir, cuyas propiedades no están cambiando con el tiempo ni en el espacio. Un proceso cuasi-estático se logra, por ejemplo, si se hace muy lentamente, de manera que el sistema se "acomode" y tenga tiempo de lograr el equilibrio (que a lo largo y ancho del sistema los valores de cada propiedad sea el mismo y además no varíen con el tiempo). Se tiende a pensar que los procesos cuasi-estáticos forzosamente deben ser extremadamente lentos, sin embargo, esto no es siempre cierto. Todo depende del tiempo en que tarda en llegar a un equilibrio el sistema, que se conoce como tiempo de relajación, $\tau$, que es el tiempo que tarda el sistema en que todas sus propiedades tengan el mismo valor en toda su extensión. Si $\tau$ es mucho menor al tiempo que tarda el proceso de cambiar el estado del sistema, entonces el sistema alcanza el equilibrio mucho antes de que pase de un estado al otro. Si, por el contrario, $\tau$ es notablemente mayor al tiempo del proceso, el sistema pasará de un estado a otro sin que existiera una condición de equilibrio, por lo tanto, se dice que se trata de un sistema fuera del equilibrio y no se asemeja en nada al proceso cuasi-estático.

34

## PROPIEDADES DE LAS SUSTANCIAS

Existen propiedades que son intuitivamente reconocibles como la resistencia mecánica de un material o el volumen de un cuerpo. Hay muchas otras que requieren materiales y condiciones de otra índole para detectarse como la susceptibilidad magnética o la potencia emisiva de radiación. La Termodinámica basa gran parte de su estudio en las propiedades de las sustancias y en cómo se ven afectadas ante los procesos. No se comporta igual una barra de hierro a 20 °C que a 1500 °C, ni es lo mismo tener que abrir un recipiente a 200 kPa que a 20 MPa. Existen termómetros de mercurio pero no termómetros de madera y nadie come sobre un plato hecho de tela.

Así como estos ejemplos de propiedades dicen algo de las sustancias y objetos que nos rodean, existen muchas otras propiedades que de a poco van contando la manera en que se comportan bajo ciertas condiciones. El ser humano, con su visión utilitaria, no hace más que aprovechar las propiedades de los objetos para realizar desde las tareas más rutinarias hasta las más complicadas. Nadie utiliza un martillo hecho de vidrio, ni clavos de goma y tampoco agua a 0 °C para bañarse. Conocer las propiedades de las sustancias nos permite aprovechar al máximo el comportamiento de los materiales para llevar a cabo alguna tarea. El estudio de las propiedades mecánicas, térmicas, eléctricas, magnéticas y químicas han llevado a la ciencia y tecnología a un nivel de desarrollo insospechado hace unos 100 años.

*Propiedad*

Usted está conversando con un amigo acerca de la infancia que compartieron. De pronto sale a cuento el vecino gruñón de aquellas épocas y del cual usted se acuerda pero su amigo no. Usted intenta recordárselo. ¿Cómo lo hace? ¿De qué se ayuda para hacerlo? Lo más probable es que intente *describirlo*: alto, flaco, barbado, ojos saltones, cabello corto y negro, bigote tupido, etc. Lo que hace es que le otorga características a esa persona para que sea fácil el reconocimiento de parte de su amigo. Lo mismo se realiza para otorgar atributos y características a un sistema. La termodinámica funda su análisis en aplicar leyes y un postulado de estado a un sistema. Un sistema debe poseer características perfectamente definidas con el objetivo de que cualquiera pueda estudiarlo y no deben depender de la interpretación personal. En la vida diaria, describimos las cosas, las personas y las situaciones sin necesidad de utilizar valores numéricos. Decimos alto o bajo, rubio o moreno. Esta manera de describir es irrelevante en Termodinámica y en la mayoría de las ciencias, ya que se necesita que estas características puedan medirse o calcularse.

Estas características pueden ser tantas como se quieran, algunas serán más representativas que otras y otras podrán despreciarse para determinado tipo de análisis. Las características importantes de una olla exprés cuando cuece los alimentos son la presión y la temperatura, pero no tanto su susceptibilidad magnética o módulo de elasticidad. Eso no significa que para otro tipo de análisis (no necesariamente termodinámico) no sean importantes estas dos últimas características. Las propiedades termodinámicas son magnitudes físicas que pueden medirse o calcularse en un instante de tiempo. Las propiedades termodinámicas describen y caracterizan a un sistema; son atributos de ellos. Decir que un recipiente tiene aire a una presión de 1000 kilopascales, lo describe, ya que un técnico, con esa información, seguramente no decidirá abrir el recipiente de manera repentina. Un médico con un paciente que presenta una temperatura corporal de 39 °C detectará un cuadro febril. Después de sopesar un frasco con mercurio, una persona pensará dos veces antes de levantar una cubeta llena de este metal líquido.

**Tabla 2.** Clasificación de algunas propiedades en extensivas e intensivas

| Extensivas | Intensivas |
|---|---|
| Masa | Temperatura |
| Energía (cinética, potencial, interna) | Presión |
| Peso | Densidad |
| Entalpía | Índice de refracción |
| Entropía | Susceptibilidad magnética |
| Volumen | Resistencia eléctrica |

*Propiedades intensivas.* Son aquellas propiedades cuyo valor numérico no cambia con un cambio en las dimensiones del sistema. Si un sistema aumenta o disminuye su tamaño, una propiedad intensiva se mantiene invariable.

*Propiedades extensivas.* Son aquellas cuyo valor numérico dependen de la extensión de materia del sistema. Si usted parte un pedazo de pan a la mitad, y el valor numérico de alguna propiedad se reduce la mitad, entonces se trata de una propiedad extensiva. Si no cambia su valor numérico se trata de una propiedad intensiva.

*Propiedades específicas.* El cociente de dos propiedades extensivas resulta en una propiedad específica. La gran mayoría de las propiedades específicas se obtienen cuando una propiedad extensiva es dividida entre la masa del sistema. Así, se tiene el volumen específico, entalpía específica. Todas las propiedades específicas son propiedades intensivas.

*Propiedades termodinámicas*

Algunas de las propiedades más utilizadas en termodinámica son la temperatura, presión, volumen específico, entropía, energía, etc. Las propiedades termodinámicas poseen valores numéricos y unidades en un sistema de medidasComencemos con la definición de algunas propiedades principales en el análisis termodinámico. Estas propiedades se utilizan ampliamente en la descripción de fenómenos relacionados con la transformación de energía, calor y trabajo. La lista no es exclusiva ni su discusión exhaustiva.

**Presión**

La relación entre la componente normal de una fuerza y la superficie sobre la cual se ejerce se le conoce como presión. No interesa la naturaleza de la fuerza o el agente que la provoca (gravedad, campo electromagnético, aceleración de Coriolis, etc.), la presión se calcula de igual manera para todos los fenómenos. Sin embargo, se tiende a olvidar el hecho de que únicamente la componente normal de una fuerza *importa* cuando se quiere calcular la presión. Las otras componentes (tangenciales) producen lo que se llama esfuerzo de corte y son irrelevantes para el cálculo de la presión.

$$P = \frac{F_N [N]}{A [m^2]}$$

Las unidades de presión en el sistema internacional son los Pascales (Pa) que equivalen a N/m² en honor al francés Blaise Pascal.

Con frecuencia se confunde la presión con la fuerza, aunque son dos magnitudes físicas de naturaleza completamente diferentes. Por principio, la fuerza es una magnitud vectorial que aplicada sobre un objeto o sustancia (sistema) produce un cambio en su velocidad. En segundo lugar, la fuerza es un agente externo al sistema por lo que no cumple la definición de propiedad. En cambio, la presión es una magnitud escalar y además sí es una propiedad porque caracteriza a un sistema. Decir que un recipiente tiene 20 MPa de presión es dar una descripción cuantitativa de extrema importancia para el operador de ese recipiente o para cualquiera que desee abrir el recipiente. Decir que un recipiente tiene 20 kN de fuerza no tiene ningún sentido en absoluto.

Ilustrándolo de otra manera, aunque las mujeres generalmente son menos pesadas que los hombres, la presión que ellas ejercen en los suelos es mayor que la que ejercen los hombres debido al uso de zapatos con tacones. Los cuchillos son herramientas útiles debido a que ejercen una alta presión sobre los objetos que se quieren cortar. Esta alta presión se produce, no por una extraordinaria fuerza sino porque la fuerza se ejerce sobre una pequeñísima área: el filo del cuchillo. Esta es la diferencia entre la fuerza y la presión.

*Presión atmosférica*
La presión atmosférica es la presión que ejerce la atmósfera sobre todos los objetos sobre la superficie terrestre. La presión atmosférica varía con la altura a partir del nivel del mar donde es máxima e igual a 101.325 kPa. A medida que se asciende en la atmósfera, la presión disminuye debido a que existe menos atmósfera *empujando* hacia abajo en nuestras cabezas. En la Ciudad de México, la presión es de 77 kPa aproximadamente.

*Presión manométrica y vacuométrica*
Si la presión medida está por encima de la presión atmosférica, se le llama presión manométrica. Por otro lado, si la presión medida está

por debajo de la presión atmosférica, se le conoce como presión vacuométrica. En el ámbito industrial, las presiones manométricas son las más utilizadas, ya que en muchas aplicaciones la presión atmosférica no interesa o, bien, es pequeña comparada con las altas presiones utilizadas. Los manómetros son instrumentos que miden la presión manométrica

*Presión absoluta*

La presión absoluta es la suma algebraica de la presión atmosférica y la presión manométrica o la presión vacuométrica. La presión absoluta se utiliza para conocer las propiedades de los gases ideales, por ejemplo, y lo mismo ocurre para las tablas de vapor. La presión que aparece tabulada en las tablas de vapor es la presión absoluta. ¿Por qué? Ocurre que la presión absoluta es la presión que realmente está sintiendo el vapor o el gas dentro del recipiente.

**Temperatura**

Una de las propiedades fundamentales en el estudio de la Termodinámica es la temperatura. Las definiciones usuales de Termodinámica en los libros de texto relacionan a la temperatura con el grado de agitación de las partículas que constituyen los sistemas. Es común encontrar en la literatura especializada que la temperatura es la manifestación de la energía cinética de las partículas constituyentes de un sistema. Aunque esta descripción es correcta, habría que definir lo que es la energía cinética para poder emplearla en la definición de temperatura.

Como ya se ha manifestado uno de los grandes problemas de la Termodinámica es construir un conjunto de conceptos lo suficientemente sólido y a la vez sencillo de entender, sobre el cual se fundamente el método termodinámico, que no es más que la manera de resolver problemas. Existe una manera de definir a la temperatura sin tener que recurrir a conceptos aún no estudiados. La temperatura es una propiedad fundamental y distintiva de la Termodinámica. De hecho, la Termodinámica se distingue de otras ciencias en gran parte por la definición de esta propiedad.

**Ley cero de la Termodinámica**

Existe una herramienta para definir a la temperatura. Esta herramienta es la llamada Ley cero de la Termodinámica. La ley cero es llamada así debido a que, en 1934, ya se habían pronunciado la primera y segunda ley cuando se descubrió que no se podía deducir el significado de temperatura a partir de la primera o segunda ley de la Termodinámica. La ley cero se plantea de la siguiente manera: Aísle del resto del universo dos cuerpos cualesquiera. Por universo nos referimos a los alrededores y todo aquello que no es el sistema. Por cualesquiera nos referimos a que los dos cuerpos pueden ser lo más distintos que uno quiera. Pueden diferir en tamaño, textura, color, presión, densidad, carga eléctrica, índice de refracción, etc. Es decir, se tiene la libertad de que posean cualquier valor numérico en cada una de sus propiedades. Nada de esto afectará el experimento. Cuando se aíslan los dos cuerpos se impide que exista cualquier tipo de interacción con los alrededores.

Nada que ocurra en el exterior debe perturbar el estado de los cuerpos en el interior de nuestro sistema. Los cuerpos deben estar en contacto. Esta condición impide que exista algún otro cuerpo entre ellos, por ejemplo, el aire, aunque cabe decir que incluso algún cuerpo entre ellos no altera el resultado final del experimento. Así nuestro sistema consiste en dos cuerpos que se encuentran en contacto lo más distintos que se quiera. Una vez aislados y en contacto se espera un cierto tiempo. El tiempo que debe esperarse depende de los materiales de estos dos cuerpos y de la diferencia de temperatura entre ellos que había al inicio del experimento. Para la ley cero, no es de importancia la duración para este experimento. Este periodo de tiempo se conoce como *tiempo de relajación*[1] y se estudia en Termodinámica Estadística. Lo que se ha observado innumerables veces y por lo mismo ha adquirido el carácter de ley es que existe una propiedad de ambos cuerpos que tendrá el mismo valor numérico al final de este proceso.

Esta propiedad se le conoce como *temperatura*. Al final del proceso se pueden tener dos cuerpos de distinto volumen, densidad, índice de refracción, presión, etc., pero con el mismo valor de temperatura. Al principio del proceso, si poseen diferente valor de temperatura,

---

[1] El tiempo de relajación es una propiedad del material para reaccionar ante un estímulo de manera que todo el material adquiere el mismo valor numérico para todas las propiedades. Entre más rápido adquiera el valor numérico de una propiedad todo el material, menor es el tiempo de relajación. Un sartén de metal posee un menor tiempo de relajación que un sartén de madera debido a que ante un calentamiento, el metal en poco tiempo alcanza la misma temperatura en comparación con la madera.

existe un flujo de calor de un cuerpo a otro. En el momento en que este flujo deja de existir, se presenta el *equilibrio térmico*. La temperatura es una propiedad que sólo puede definirse cuando se encuentra un sistema en un estado de equilibrio. Nótese que esta definición está basada en un simple experimento. Este experimento se le conoce como Ley cero de la Termodinámica. No hubo necesidad de incorporar conceptos que no hayan sido estudiados ni que fueran difíciles de entender.

**Capacidad térmica**

Es la propiedad que indica la resistencia que posee un cuerpo a modificar su temperatura cuando recibe o cede una cierta cantidad de calor. Un material con una capacidad térmica alta requiere más calor para cambiar, por ejemplo, 1°C su temperatura que un material con capacidad térmica baja. Aquellas sustancias con capacidades térmicas altas requieren más energía para alcanzar un cierto valor de temperatura, y por lo mismo, tardan mucho más en enfriarse.

**Postulado de estado**

Ahora que sabemos lo que son las propiedades, es necesario saber que la Termodinámica ofrece herramientas para poder encontrar todas las propiedades necesarias a partir de algunas, lo cual es una enorme ventaja. Si se quisiera obtener la temperatura del agua de la llave, lo único que se debe hacer es medirla con un termómetro. Pero existen un sinfín de aplicaciones en las cuales no se puede conocer mediante una medición el valor de una propiedad y lo que se necesita es poder relacionarlas con aquellas propiedades que se tienen a la mano. El postulado de estado es la regla que dice:

*"el número de propiedades intensivas e independientes necesarias para definir completamente el estado de un sistema, son el número de modos de trabajo que puede realizar el sistema más uno"*

Si un sistema es compresible y magnético, las propiedades intensivas e independientes necesarias para establecer perfectamente el estado son tres, ya que puede realizar dos tipos de trabajo: magnético y de expansión/compresión.

## Sustancias puras

En ingeniería, existe una clase de sustancias que se estudia debido al extenso uso en la industria. Estas sustancias deben ser lo suficientemente sencillas para el análisis pero, al mismo tiempo, deben tener complejidad para que su estudio aporte resultados valiosos y generales. Las sustancias puras cumplen con los requerimientos anteriores.

*Una sustancia pura es aquella cuya composición química es la misma en toda su extensión.*

El aire en una habitación es una sustancia pura aunque se trate de una mezcla de varios gases debido a que la composición química es la misma en toda la habitación. El café en la taza, aunque se trate de una mezcla de agua con semilla de café molida tiene la misma composición química en cada parte dentro de la taza. Cada región de líquido es café. Los cubos de hielo en un recipiente con agua constituyen una sustancia pura debido a que tanto el hielo como el agua es finalmente $H_2O$. Una mezcla de agua con exceso de sal no es una sustancia pura debido a que mientras que el agua salada es siempre de la misma composición química, la sal que no pudo diluirse en agua se precipita al fondo del recipiente. Obviamente, esa capa de sal no es la misma sustancia que el agua salada que tiene encima. En una primera aproximación, podemos decir que el tipo de sustancias que se estudian en un curso básico de Termodinámica son:

i) Vapores
ii) Gas ideal
iii) Gas real
iv) Líquidos o sólidos

**Vapor**

Un vapor es un gas que se encuentra cerca de la condensación. Aunque el vapor que sale de una olla con agua hirviendo está en estado gaseoso, basta con colocar una superficie encima de la olla para que se formen gotas de lo que antes era vapor. La diferencia entre un gas y un vapor es que el vapor está cerca del punto de condensación, mientras que un gas requiere un proceso artificial complejo para su condensación. Sin embargo, tanto gas como vapor son fases gaseosas de la materia.

*Tablas de vapor*

La mayoría de las aplicaciones industriales y comerciales donde se utiliza agua, ocurren en la fase de vapor o vapor con un cierto contenido de agua líquida. Desde un hotel de bajo costo hasta una enorme instalación en una compañía farmacéutica, el vapor constituye un medio de transportar energía de manera versátil, flexible y rentable. Las tablas de vapor son las tabulaciones de los valores numéricos de las propiedades de una sustancia que puede encontrarse en tres regiones posibles, fácilmente reconocibles:

a) líquido comprimido,
b) vapor húmedo o mezcla
c) vapor sobrecalentado.

Hagamos un experimento muy sencillo: calentemos un recipiente con una cierta cantidad de agua cuya masa es conocida. El recipiente tiene una tapa que se coloca sobre la superficie del agua de manera que se impide que exista un derrame de agua al exterior y, a la vez, se permite que el volumen del recipiente pueda cambiar, como se muestra en la figura 1.

Colocamos un termómetro en el recipiente y, de acuerdo a las dimensiones de éste, se puede calcular el volumen que ocupa el agua en todo momento. De esta manera, a medida que se calienta el recipiente, se puede medir la temperatura y el volumen específico.

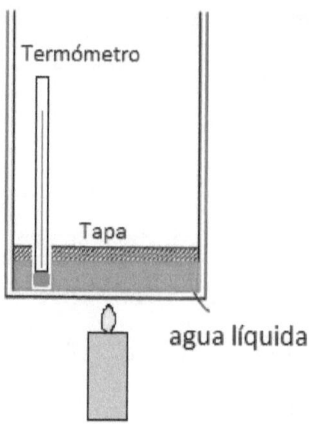

**Figura 1**. Recipiente con agua líquida sujeto a calentamiento constante

Supongamos que cada minuto tomamos lecturas del termómetro y de las dimensiones del recipiente para hacer un diagrama cuyos ejes son la temperatura $T$ en °C y el volumen específico $v$ en m$^3$/kg. A medida que aumenta la temperatura, el agua se expande, es decir su volumen específico aumenta. Sin embargo, no aumenta de la misma manera en todo momento. Mientras el agua es un líquido, la variación del volumen específico es muy pequeña. En algún momento, el volumen específico comienza a aumentar mucho más mientras que la temperatura se mantiene constante debido al cambio de fase. Si continuamos el calentamiento, encontraremos un momento en la gráfica en donde tanto la temperatura como el volumen específico aumentan. Terminado el experimento, hagamos otro con un peso mayor sobre la superficie del agua. Esto implica que la presión aumenta y tendremos por consiguiente una nueva secuencia de puntos en el diagrama T vs v donde la presión es constante, pero es mayor a la secuencia de puntos anterior. Repitiendo este experimento para muchos valores de presión (mayores pesos sobre la superficie del agua), tendremos un mapa de fases del agua. Si unimos los puntos donde la temperatura se mantiene constante y donde vuelve a variar encontraremos la curva de saturación del agua.

En la figura 2 puede verse lo que se conoce como la campana o domo de saturación. La línea que corre desde el punto crítico hacia la izquierda de la gráfica se conoce como línea líquido saturado. La línea que corre desde el punto crítico hacia la derecha se conoce como línea del vapor saturado. Los estados saturados son:

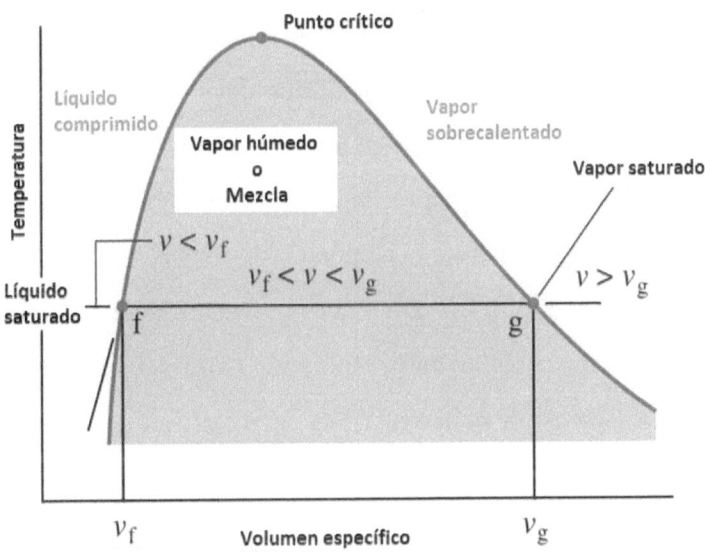

**Figura 2**. Campana de saturación del agua

- *líquido saturado*: la curva que divide la región del líquido comprimido de la región de vapor húmedo
- *vapor saturado seco*: la curva que divide la región del vapor húmedo del vapor sobrecalentado.

Cada punto sobre la curva de saturación representa un estado *límite*, es decir, está a punto de ocurrir algo. Si tenemos agua calentándose en un recipiente transparente y llegamos hasta la línea de líquido saturado, estaríamos a punto de ver la formación de la primera burbuja de vapor. Esto significa el primer instante en que ocurre el cambio de fase. Si seguimos calentando, veremos una segunda burbuja y después una tercera. A la mitad, tenemos que la mitad de agua está en forma de vapor y la otra mitad se encuentra como agua líquida. En la mayoría de los libros de texto, las sustancias más usuales cuyas propiedades se encuentran en una tabla de vapor son el agua ($H_2O$), el Freón 12 (ClFC) y el amoníaco ($NH_3$), entre algunas otras. Sin dudas, las tablas más detalladas e importantes son las del agua debido a que difícilmente se encuentre alguna industria donde los procesos no dependan de la acción de un vapor.

Las tablas de vapor se usan para encontrar fácilmente los valores de las propiedades del agua bajo una gran cantidad de condiciones posibles. La expresión matemática de la superficie $f = f(P,v,T)$ del agua se ha encontrado con base en cuidadosas mediciones experimentales y se le conoce como ecuación de estado. De hecho, cualquier ecuación que relaciona dos propiedades independientes con alguna otra u otras se le conoce como *ecuación de estado*. El conocimiento de la ecuación de estado permite conocer todas las demás propiedades del agua si se logra localizar un punto en la superficie f. Debido a que se trata de una superficie tridimensional basta conocer, en la mayoría de los casos, únicamente dos propiedades independientes para lograr conocer el valor de la tercera y de todas las demás como el índice de refracción o resistencia eléctrica, por ejemplo. Esto se desprende del postulado de estado mencionado anteriormente. Las tablas de vapor se utilizan para encontrar las propiedades más importantes en la mayoría de las aplicaciones de la ingeniería térmica. Estas propiedades son, generalmente, la entalpía, energía interna y entropía. El cambio de estas propiedades de un estado a otro, están regidas por las leyes de la Termodinámica, de ahí que sea fundamental el estudio de estos cambios.

Las tablas de vapor se dividen en tres regiones en el espacio de fases de una sustancia:

i) tablas de líquido comprimido (o agua subenfriada)
ii) tablas de agua saturada (vapor húmedo o mezcla)
iii) tablas de vapor sobrecalentado

Cada una de estas tablas contiene sus propias subdivisiones, donde generalmente la presión y la temperatura son las variables independientes, y por tanto, las que ayudan a la ubicación de todas las demás.

El uso de las tablas de vapor puede describirse en unos sencillos pasos:

*a) Identifique las propiedades que son datos del problema*

Generalmente, estas propiedades son presión, $p$ y temperatura, $T$ debido a que son variables termodinámicas fáciles de medir en casi cualquier situación; aunque también pueden presentarse como datos del problema otras propiedades o incluso el nombre del estado, sin embargo, esto no altera este procedimiento. El primer paso consiste en conocer en qué región del diagrama de fases se encuentra la sustancia. Debido a que las tablas se dividen en tres grandes secciones: líquido comprimido, vapor saturado y vapor sobrecalentado, es indispensable conocer en cuál tabla deberemos de buscar las propiedades de la sustancia.

*b) Consulte la tabla de vapor saturado*

La tabla de vapor saturado es la tabulación de los valores numéricos de las propiedades que se encuentran sobre la curva de saturación en el diagrama $P$-$T$. Como ya se dijo, las tablas están construidas de tal manera que la ubicación de alguna propiedad depende de la presión y la temperatura.

Existen tablas de vapor saturado basadas en temperatura o en presión. Esto significa que en la tabla basada en temperatura encontrará los valores de la temperatura en números múltiplos de 10 o de 5, dependiendo la precisión de la tabla. Lo mismo ocurrirá en la tabla de vapor saturado basada en la presión con los valores de presión de saturación.

Una vez que se encuentra la presión o temperatura de saturación en la tabla de vapor saturado, se lee en la columna contigua la correspondiente temperatura o presión de saturación, y se compara este valor con la presión o temperatura del problema en cuestión. Este procedimiento lo único que hace es comparar los valores del problema con los valores de saturación para saber si la sustancia se encuentra encima o debajo de la saturación. Consultando el diagrama *P-T* es fácil darse cuenta que "arriba" o "abajo" implican líquido o vapor, respectivamente, de manera que el procedimiento consiste en comparar el estado actual de nuestro sistema con una condición límite: la saturación.

Una cantidad de agua estará en fase líquida cuando la presión de saturación correspondiente a la temperatura del problema sea menor a la presión del problema. Una presión mayor a la presión de saturación impide al líquido evaporarse, es decir, su punto de ebullición aumenta y, por lo mismo, se requiere que la sustancia posea una mayor temperatura para lograr la ebullición. Por otra parte, una cantidad de agua estará en fase de vapor cuando la temperatura de la sustancia esté por encima de la temperatura de saturación a las condiciones de presión dadas.

Después de este paso, existen tres posibilidades:

1) Si la sustancia se encuentra encima de la línea de saturación en un diagrama P-T, se trata de líquido comprimido.
2) Si la sustancia se encuentra debajo de la línea de saturación en un diagrama P-T, se trata de vapor sobrecalentado.
3) Si la sustancia se encuentra en la línea de saturación en el diagrama P-T, se tienen otras tres posibilidades: i) la sustancia es líquido saturado, ii) la sustancia es vapor saturado o iii) la sustancia es vapor húmedo.

Si se tienen las situaciones 1) y 2), se deben de buscar las propiedades en las tablas correspondientes. Para la situación 1) se tiene líquido comprimido y se debe utilizar la sección de las tablas de vapor para líquido comprimido. Para la situación 2), se deben utilizar las tablas de vapor sobrecalentado. La situación 3) implica el uso de la tabla de vapor saturado.

c) Consulte la tabla correspondiente a la fase de la sustancia

Una vez que se encuentra la(s) fase(s) presente(s) en la sustancia, se acude a la tabla correspondiente. De igual manera, las propiedades más comunes para el uso de las tablas son la presión y la temperatura, independientemente de qué tabla de vapor se utilice. En las tablas de líquido comprimido y vapor sobrecalentado, basta conocer la presión y temperatura para encontrar el estado, mientras que si se conoce la presión y temperatura en un estado localizado en las tablas de vapor saturado, generalmente será imposible localizar el estado a menos que se tenga otro dato. Esta situación se discutirá en el apartado de las tablas de vapor saturado.

*Líquido comprimido o subenfriado.* La sección de las tablas de vapor que corresponden a líquido comprimido se encuentra tabulada según valores distintos de presión. Para una cierta presión, se enlistan las demás propiedades. Sin embargo, en un líquido se presentan dos características especiales: primero, las variaciones de las propiedades con la presión en un líquido comprimido son frecuentemente despreciables para las aplicaciones en ingeniería y segundo, únicamente a muy altas presiones pueden percibirse estas variaciones en el valor numérico de las demás propiedades.

En efecto, la mayoría de las tablas para líquido comprimido, tabulan los valores de las propiedades a muy altas presiones ya que a bajas presiones tendrían para una misma temperatura casi exactamente los mismos valores. Esta situación permite que se puedan aproximar los valores numéricos de las propiedades a las condiciones de líquido saturado a la temperatura de la sustancia. Esto se expresa matemáticamente como $x \approx x_{f@T}$ donde $T$ es la temperatura de la sustancia. Resumiendo, en la región de líquido comprimido "casi" no dependen de la presión. Esta condición implica que las líneas de presión constante (isobaras) se aglomeran cerca de la línea de saturación, de manera que la diferencia en los valores de las propiedades *debido a la presión* es cercana a cero. En el caso en que las presiones del líquido comprimido sean muy altas, se debe abandonar la aproximación y entrar a la tabla con las propiedades del líquido comprimido.

*Vapor sobrecalentado.* La región del vapor sobrecalentado son todos esos estados donde el sistema no contiene humedad (nulo contenido de líquido). Esta región comienza inmediatamente después del vapor saturado seco y continúa a la derecha de la campana de saturación. Las sustancias que se presentan como vapores sobrecalentados tienen altos valores de entalpía debido a que generalmente poseen una alta temperatura y una alta presión. Las sustancias de alta entalpía son especialmente útiles para producir potencia mecánica en una turbina. En este caso, los vapores de alta entalpía se generan en las calderas de las centrales eléctricas para la producción de potencia con la menor cantidad de vapor posible.

*Agua saturada o vapor húmedo.* La región que se encuentra dentro de la campana de saturación, entre el líquido y el vapor saturado se conoce como mezcla o vapor húmedo. Todos los estados dentro de esta campana, son estados en saturación, es decir, que en el sistema conviven en equilibrio dos fases: líquido y gas de la sustancia. Es imposible encontrar propiedades en esta región cuando las propiedades que se conocen son *únicamente presión y temperatura*. Si se recuerda, en las anteriores regiones, únicamente la presión y la temperatura bastaban para conocer las demás propiedades. Si usted tiene presión y temperatura como datos de un estado en particular y esos datos indican que el sistema es vapor húmedo (se encuentra dentro de la campana de saturación) la presión es dependiente de la temperatura y viceversa. Es decir, para una cierta presión de saturación, la temperatura queda perfectamente definida. No es posible que para una presión de saturación de 100 kPa, pueda haber dos valores de temperatura. Igualmente, la presión no puede ser otra más que la que corresponde a la temperatura de saturación. No es posible que existan dos valores de presión para una temperatura de saturación de 100 °C, únicamente se tiene una presión de 101.325 kPa que es la presión a la cual se hierve agua a nivel del mar.

*Calidad.* No importa qué tipo de propiedades se tengan como información del estado del sistema no se puede resolver un problema si no se tiene una variable auxiliar de vital importancia en el caso del vapor húmedo: la calidad no es más que la relación de la masa de la fase gaseosa con la masa total de la mezcla.

## Gas ideal

Así como el agua, en cada una de sus fases, se utiliza ampliamente en una infinidad de procesos de carácter industrial también los gases desempeñan un papel fundamental para una gran diversidad de aplicaciones en cualquier sector tecnológico.

En el caso de las tablas de vapor, requerimos encontrar las propiedades de un estado cualquiera utilizando los valores experimentales tabulados. Las tablas se utilizan debido a que la expresión matemática que relaciona a las propiedades independientes, es decir, la ecuación de estado, es demasiado complicada para utilizarse con facilidad. La teoría de la cinética de los gases ha encontrado una ecuación de estado para gases ideales. Para llegar a ella se tiene una serie de condiciones que simplifican mucho esta expresión.

El punto de vista microscópico consiste en plantear que el gas está constituido de partículas perfectamente esféricas y rígidas que se mueven de manera aleatoria chocando con las paredes del recipiente. Las demás condiciones que forman la base del modelo del gas ideal, según la teoría cinética, son:

i) El número de partículas que constituyen el gas es mucho mayor a uno.

ii) La distancia entre partículas es mucho mayor al tamaño de las partículas mismas.

iii) No existen colisiones entre partículas. Las únicas colisiones se presentan entre las partículas y las paredes del recipiente. Estas colisiones son perfectamente elásticas.

iv) El movimiento de las partículas se basa en las Leyes de Newton de la Mecánica.

La teoría cinética es enormemente poderosa y sus resultados teóricos han sido comprobados experimentalmente en muchas ocasiones. Desde el punto de vista macroscópico, la ecuación del gas ideal se encontró a partir de tres leyes experimentales. El gas ideal es un modelo que representa con excelente precisión la ecuación de estado de un gas bajo determinadas condiciones de presión y temperatura. Se ha visto que la ecuación de estado es una función de dos variables o propiedades independientes y su resultado es el valor de una propiedad dependiente. Las propiedades independientes generalmente son la presión y la temperatura mientras que la variable dependiente es el volumen específico o el volumen total. Esto básicamente se debe a que resulta más fácil medir presión y temperatura de un gas que su volumen específico. Es muy importante que tanto la presión como la temperatura sean absolutas. En el caso de la presión, existe menos posibilidad de error porque tanto las unidades de la presión manométrica como la presión absoluta son las mismas y además, generalmente, los valores de presión atmosférica son despreciables con respecto a los muchos mayores valores de presión manométrica. Sin embargo, las unidades de temperatura cambian dependiendo de la escala termodinámica utilizada. Para un gas ideal, siempre debe utilizarse la escala Kelvin para designar valores a la temperatura.

*Proceso isobárico*

Un gas ideal experimenta un proceso isobárico cuando la presión del estado final es igual a la presión del estado final, es decir, la presión se mantiene constante a lo largo del proceso. Los procesos isobáricos ocurren generalmente en los intercambiadores de calor.

*Proceso isotérmico*

Un gas ideal experimenta un proceso isotérmico cuando la temperatura se mantiene a lo largo del proceso. Los procesos isotérmicos no suelen presentarse con frecuencia en las aplicaciones industriales. Una de las razones es que un proceso isotérmico exige que el proceso dure un tiempo prolongado. ¿Por qué? Imagine que se desea calentar el agua contenida en una olla. Para lograrlo, se coloca la olla con agua encima de una fuente de calor, como puede ser una estufa encendida. A medida que pasa el tiempo, el calor se suministra y la temperatura va en aumento. Bien, ¿cómo es posible que tengamos un proceso isotérmico? En realidad, el aumento de temperatura de una sustancia ante una cantidad de calor suministrada depende de la capacidad térmica y de la masa de esta sustancia. Si tenemos una sustancia cuya capacidad térmica es muy alta, la variación de temperatura será muy pequeña.

Cualquiera que haya inflado una llanta de bicicleta o una pelota, sabe que después de introducir el aire necesario, el pivote de la bomba utilizada está caliente, a veces, bastante caliente. Esto se debe a que el ritmo al cual introdujimos el aire fue alto. Lo que hace la bomba, -que correctamente debería llamarse compresor-, es comprimir el aire para que entre a la recámara de la llanta o la pelota. El aire siente que el volumen se reduce y la presión aumenta. ¿Qué le pasa a la temperatura? Depende. Si comprimimos el aire lo suficientemente lento, se tiene que la temperatura no varía. Si se comprime el aire rápidamente, la temperatura aumenta. De hecho, existen mecheros de aire, donde mediante una compresión realmente rápida, se logran temperaturas cercanas a los 10,000 °C, es decir, mediante un proceso *adiabático*.

*Proceso adiabático*
Cuando en un proceso no existe transferencia de energía mediante calor desde o hacia el sistema, se habla de de un proceso adiabático. Estrictamente, un proceso adiabático es aquél donde la única manera de transportar energía hacia o desde el sistema es mediante trabajo. Es decir, el cambio en la energía interna del sistema se debe exclusivamente a interacciones de trabajo con el medio ambiente.

*Comentarios sobre la Termodinámica de las sustancias*
Como se ha visto y se verá después, las leyes de la Termodinámica en ningún momento especifican el tipo de sustancias que se estudian; únicamente se habla de sistemas, y por lo que puede intuir el lector, un sistema puede ser básicamente cualquier cosa. Aunque pueda parecer un defecto en el método de la Termodinámica, en realidad es esta característica la que permite la generalización de los resultados de la Termodinámica a cualquier sustancia. El lector podrá preguntarse que si a la Termodinámica no le importa la clase de sustancias estudiadas, ¿para qué se estudian el modelo de gas ideal o las tablas de vapor en un curso de Termodinámica?

La pregunta tiene dos posibles respuestas. La primera es que en la ingeniería existen infinidad de aplicaciones, procesos y sistemas que utilizan al agua y al gas ideal como fluidos de trabajo o estudio. El valor numérico de las propiedades que describen a estas sustancias particulares (agua o gas ideal) establecen el comportamiento de estas sustancias en los procesos y dispositivos que las utilizan. Una bomba no opera correctamente si se le suministra hielo o vapor sobrecalentado en vez de agua en fase líquida; igualmente una turbina de gas no funcionará como debe si se le suministra aire líquido. Debido a esto, el conocimiento de los valores numéricos de las propiedades y la aparición de sus fases es crítico para la mayoría de los procesos en ingeniería.

La segunda es que el estudio de los procesos típicos en Termodinámica que realiza un sistema y el análisis bajo la luz de la primera y segunda ley de la Termodinámica resulta ilustrativo con estas sustancias debido a su simplicidad.

## PRIMERA LEY DE LA TERMODINÁMICA: ENERGÍA

¿Usted cree en algún dios? Imagine que llega alguien de un planeta que no entiende el concepto de dios y usted es el encargado de explicárselo. ¿Cómo se le explica este concepto a algún amigo, padres o hijos? La primera respuesta que nos viene a la mente es la de un ente creador de todo lo que se encuentra en el universo.

Una definición no es más que limitar un concepto para poder entenderlo. La definición de *perro* comienza con la palabra *animal* y enseguida entendemos que no es una lámpara ni un árbol, porque la idea ha sido limitada en el momento en que aparece la palabra *animal*. Una definición impone límites a un concepto, idea, objeto o fenómeno para poder entenderse. De ahí que definir el concepto de dios resulta una tarea complicada ya que se trata de algo que proviene o se expresa mediante la totalidad, una figura trascendental que escapa de nuestra comprensión y limitar algo así de grande es virtualmente imposible. Con la energía ocurre algo similar.

La energía es un concepto tan vasto y general que difícilmente pueda definirse sin tener que acudir a la particularización. Como el concepto de Dios. Más allá de la connotación religiosa, el concepto de Dios es tan amplio que no puede llegar a definirse, debido a que representa las primeras causas de todo lo que ha ocurrido. Se dice que Dios está en todos lados, pues con la energía es exactamente lo mismo. No existe nada que no tenga energía. Todas las cosas poseen en mayor o menor grado, una cierta cantidad de energía. Cada vez que ocurre un proceso, existe una transformación de energía de una forma a otra. La energía es una propiedad intrínseca de la materia que toma muchas formas posibles. Nadie sabe bien cuál es la naturaleza de la energía. Después de que Einstein formulara la fórmula más conocida en el mundo, $E = mc^2$, estableció una relación directa e ineludible entre la masa y la energía, es decir que tanto la masa como la energía de dos formas de la misma sustancia.

El descubrimiento de los fenómenos que dieron lugar a la primera Ley de la Termodinámica proviene de dos acontecimientos distintos estudiados por dos personas: James Prescott Joule y Robert Julius Mayer. James Prescott Joule era un experimentador de capacidades asombrosas según se cuenta. Se dice que podía medir con un termómetro las temperaturas de las cosas con una gran precisión. Joule estudió experimentalmente la relación que existía entre el suministro de trabajo y el aumento de temperatura que tenía el sistema debido a él. Joule realizó cuatro experimentos para comprobar que independientemente de cómo se llevara a cabo un proceso el estado final de un sistema que comenzaba en las mismas condiciones era siempre el mismo. Por lo tanto, debía existir una propiedad cuyo cambio se debía solamente a la introducción del trabajo suministrado de 4 formas diferentes. Esta propiedad es la *energía.*

Por su parte, Mayer era un médico alemán que estudiaba la sangre de las personas afectadas con una enfermedad en las costas de Indonesia. Le sorprendió encontrar que la sangre de las personas que habitaban en ambientes tropicales fuera más roja de lo común. Esto indicaba que la sangre no se oxidaba tanto. Cuando se oxida la sangre adquiere un color más oscuro que corre a través de las venas, porque traslada dióxido de carbono hacia los pulmones; en cambio la sangre de las arterias suele ser más brillante debido a que no se encuentra oxidada. Mayer recordó la teoría de la combustión en la respiración animal de Lavoisier e hizo la genial suposición de que en un ambiente tropical el cuerpo no requería más energía liberada por los alimentos para mantener el cuerpo a una temperatura adecuada. Teóricamente encontró que tanto el trabajo que realiza el cuerpo para moverse o levantar objetos como el calor que disipa provenían de los alimentos, estableciendo así una liga entre el trabajo y el calor.

Si usted divide un cuerpo cualquiera en dos partes iguales, habrá dividido la energía del cuerpo a la mitad ya que como se vio la energía es una propiedad extensiva, y por lo tanto, aditiva. Ahora bien, es absolutamente correcto decir que ambas partes poseen energía. Aísle estas dos partes de los alrededores. ¿Puede obtenerse trabajo de este sistema conformado por esas dos mitades? Si se sigue la definición de los cursos de preparatoria, la respuesta debería ser afirmativa. Sin embargo, no logrará producir trabajo de ninguna manera con este sistema. La razón de que no exista trabajo no tiene que ver con la energía, pues sí hay energía sino propiamente con la definición de trabajo. No puede extraerse trabajo, ni ningún efecto útil de un sistema si no existe un potencial.

**Formas de energía**

Un sistema puede poseer muchas formas de energía por lo cual escogeremos por simplificación un sistema que esté sujeto únicamente a interacciones de trabajo a través de sus fronteras. También impediremos que la masa atraviese sus fronteras. Un sistema así se le conoce como un sistema adiabático y cerrado, respectivamente. La experiencia indica que se tendrá el mismo cambio en una propiedad del sistema si la cantidad de trabajo suministrado o extraído del sistema es la misma, aún cuando la forma de suministrar el trabajo sea distinta. Esta propiedad se le conoce como energía.

Esta experiencia era la idea detrás de los experimentos de Joule, así como de la hipótesis de Mayer sobre el trabajo, el calor y la energía. Tiempo después, sería Clausius quien expresaría la primera ley de la Termodinámica como: "la energía del universo se mantiene constante". Resumiendo, el cambio en la energía de un sistema adiabático es igual al trabajo suministrado al (o realizado por) el sistema. Esta es una correcta definición de la energía, sin embargo es para un caso particular. Aquí no se han considerado, reacciones químicas o nucleares, efectos electromagnéticos o de superficie.

Aparte de definir una propiedad llamada energía, la primera ley se encarga de postular un balance de energía para cualquier sistema. Para un sistema cerrado, el balance de energía es:

$$\Delta U = Q - W$$

Es decir, el cambio en la energía interna, $\Delta U$ debe ser igual a las interacciones que entran o salen del sistema como trabajo, $W$ o calor, $Q$.

*Sistemas abiertos.* Como ya se vio, un sistema abierto tiene fronteras a través de las cuales puede suministrarse flujos de masa que atraviesan un volumen de control. Cada uno de estos flujos posee una cantidad de energía que arrastran consigo hacia el interior o desplazan hacia el exterior del sistema. Las corrientes de sustancias poseen energía en muchas formas.

- Energía potencial
- Energía cinética
- Energía interna
- Energía química
- Energía eléctrica
- Energía química

Sin embargo, las más usuales son aquellas como la entalpía, energía cinética y energía potencial.

En sistemas abiertos, se hace necesario conocer un balance de flujo másico para solucionar los problemas típicos de este tipo de casos.

El principio de conservación de la masa o también llamado ecuación de continuidad exige que:

$$\frac{dm_{VC}}{dt} = \sum_{entrada} \dot{m} - \sum_{salida} \dot{m}$$

Es decir, que el cambio de masa del volumen de control por unidad de tiempo, debe ser igual a los flujos másicos entrantes menos los flujos másicos que abandonan el volumen de control. El flujo másico, por su parte, se puede definir de acuerdo a:

$$\dot{m} = \rho V A$$

donde $\rho$ es la densidad del fluido, $V$ es la velocidad del flujo y $A$ es el área transversal al flujo.

El principio de conservación de la energía para sistemas abiertos queda expresado como:

$$\frac{d(U + E.C. + E.P.)_{V.C.}}{dt} = \sum_{entrada} \dot{m}\left(h + \frac{u^2}{2} + gz\right) - \sum_{salida} \dot{m}\left(h + \frac{u^2}{2} + gz\right) + \dot{Q} - \dot{W}$$

El término del lado izquierdo es el cambio en la energía del volumen de control. Es muy importante reconocer la diferencia que hay entre el volumen de control y el flujo de corriente que llega o sale de él. El volumen de control es una simple región fija en el espacio que puede modificar sus propiedades a medida que recibe y cede flujos de masa y energía.

## Ciclos

Un ciclo es una sucesión de procesos donde el estado final es igual al estado inicial. Además de muchos fenómenos físicos relacionados con la naturaleza del calor y el movimiento mecánico, la Termodinámica nace formalmente a partir del estudio de los ciclos que realizaban las máquinas de vapor. El estudio de las máquinas térmicas es la razón del extraordinario desarrollo del conocimiento científico y tecnológico que trajo consigo la Termodinámica. El contexto histórico y técnico más importante que hizo de semilla de esta ciencia es la máquina de vapor, la invención del condensador debido a Watt y la genial idea de Sadi Carnot de establecer una máquina térmica cuya eficiencia fuera mayor e insuperable en comparación con cualquier máquina real construida o por construir. Watt era un fabricante de instrumentos a quien se le encargó que revisara una máquina de vapor. Las máquinas de vapor más famosas y modernas de ese entonces se debían a Newcomen. Un ciclo termodinámico es una sucesión de procesos cuyo estado final es idéntico al estado inicial. Los ciclos se estudian en Termodinámica porque su análisis permite la simplificación del sistema de tal manera que el análisis se limita a considerar únicamente interacciones de energía. Debido a que en un ciclo, el cambio de cualquier propiedad es cero, ya que el estado inicial y final están descritos por idénticos valores numéricos de las propiedades, sólo los términos que expresen algún tipo de interacción entre el sistema y los alrededores deben considerarse. Aún más, un conjunto de dispositivos que conforman el sistema se considera un sistema cerrado, por lo que la masa es constante. Esto nos deja únicamente con interacciones de energía: calor y trabajo.

*Ciclo Rankine*

Probablemente, el ciclo Rankine sea el más famoso de todos los ciclos que existen debido a su amplio uso para la generación de electricidad. Cuando se reconoció que cantidad de energía que existía en la vaporización de una determinada cantidad de agua lograba mover enormes máquinas, se empezaron a diseñar máquinas que aprovechaban esta energía. La primera máquina de vapor se utilizó para extraer aguas del fondo de las minas de carbón.

El ciclo Rankine tiene cuatro dispositivos que lo conforman: caldera o generador de vapor, turbina, condensador y bomba. El fluido de trabajo es vapor de agua, aunque no siempre se encuentre como vapor a lo largo del ciclo. A continuación describimos los procesos que sigue un ciclo Rankine simple para la producción de potencia.

1) Agua comprimida entra a la caldera. La caldera le suministra calor y transforma el agua comprimida en vapor sobrecalentado. La salida de la caldera es el punto de máxima presión y temperatura del vapor en todo el ciclo.

2) El vapor sobrecalentado a la salida de la caldera entra a la turbina de vapor donde se expande, la presión disminuye al

igual que la temperatura, y a la salida de la turbina se tiene vapor húmedo de alta calidad, vapor saturado seco o incluso, vapor sobrecalentado a baja presión.

3) El vapor a la salida de la turbina entra a un condensador donde se enfría transfiriendo calor a una corriente de agua más fría, llamada agua de enfriamiento. Por lo general, el agua de enfriamiento proviene de un gran cuerpo de agua como un lago o un río. El fluido de trabajo sale en estado de líquido saturado.

4) El líquido saturado entra a una bomba donde se incrementa la presión y sale como agua comprimida, es decir, el mismo estado que se encuentra en el punto 1).

En términos del tipo de proceso, podemos mencionar:
1-2: expansión isentrópica
2-3: rechazo de calor isobárico
3-4: compresión isentrópica
4-1: suministro de calor isobárico

Cabe decir que los puntos anteriores son solamente una guía general del funcionamiento de un ciclo Rankine simple. Los diferentes estados del fluido de trabajo pueden variar dependiendo de las condiciones de operación del ciclo o la adición de dispositivos en el circuito del fluido de trabajo.

*Ciclo Brayton*

Todas las turbinas comerciales de los aviones realizan un ciclo Brayton para la producción de trabajo. Los compresores de los gasoductos, generalmente son alimentados mediante un ciclo Brayton para el transporte de enormes cantidades de gas durante distancias extremadamente grandes. El ciclo Brayton está constituido, en su forma más simple, por: un compresor de aire, una cámara de combustión y una turbina de gas. Los procesos que se presentan en un ciclo Brayton son:

1) Aire entra al compresor a una temperatura y presión ambiente donde se comprime a altas presiones
2) El aire comprimido entra a una cámara de combustión donde se mezcla con un hidrocarburo, generalmente gas natural, y hace ignición, lo cual le suministra calor a los productos de la combustión.
3) Estos gases, productos de la combustión (principalmente aire a alta temperatura), entran a la turbina de gas donde se expanden, produciendo trabajo y disminuyendo su entalpía (presión y temperatura).

Los procesos que constituyen al ciclo son:
1-2: compresión isentrópica
2-3: suministro de calor isobárico
3-4: expansión isentrópica
4-1: rechazo de calor isobárico

El aire caliente a la salida de la turbina de gas requeriría ser enfriado para llegar al estado inicial, sin embargo, al tratarse de aire, no es necesario volver a llevar a la sustancia al sistema inicial. Es mucho más fácil tomar aire nuevo del medio ambiente.

*Ciclo Otto.* De los ciclos que producen potencia, el ciclo Otto hace funcionar millones de dispositivos todos los días alrededor del mundo: el transporte público sería completamente distinto, para bien o para mal, si no hubiera sido por sido por este ciclo. El ciclo está compuesto por 4 procesos que se realizan en el mismo sistema:

1. Admisión
2. Compresión adiabática e isentrópica
3. Calentamiento isocórico
4. Expansión adiabática e isentrópica
5. Expulsión de gases isobárica

*Ciclo de refrigeración por compresión de vapor*
Se puede decir que la refrigeración es una aplicación tecnológica de los conocimientos termodinámicos adquiridos a partir de la máquina de vapor de James Watt. Sadi Carnot se imaginó que haciendo funcionar un ciclo de potencia en sentido contrario, tendría como consecuencia el enfriamiento de un espacio.

Existen varios ciclos de refrigeración, sin embargo, el más común de ellos así como el más utilizado es el ciclo de refrigeración por compresión de un vapor. Este vapor se conoce como refrigerante y estas sustancias deben cumplir con ciertos requisitos.

# SEGUNDA LEY DE LA TERMODINÁMICA: ENTROPÍA

**Entropía**

La segunda ley de la Termodinámica define una propiedad llamada entropía. La entropía es una propiedad de las sustancias tan importante y representativa como la temperatura, la presión o el índice de refracción. No se trata de un concepto abstracto ni místico como suele pensarse; de hecho, se encontró mediante unas mediciones experimentales que relacionaban una transferencia de calor con la temperatura.

¿Para qué sirve la entropía? ¿Dónde se utiliza? ¿Qué tipo de información proporciona en un análisis termodinámico? Todas estas preguntas intentarán resolverse a continuación.

Para empezar, podemos decir que la entropía es *una medida de la dispersión de la energía en un sistema*. Obsérvese que esta definición incluye un término que probablemente no lo haya escuchado antes: la dispersión de la energía. Entre más dispersa esté la energía, la entropía adquiere un mayor valor numérico. La dispersión de la energía de un sistema aumenta la entropía. Un sistema donde la energía esté concentrada y no dispersa, tendrá una entropía menor.

Intentaremos describir mejor lo que significa la entropía con algunos ejemplos.

Coloque en un recipiente perfectamente aislado (no existen transferencias de masa ni de energía con el medio ambiente) una mezcla de gasolina con aire. Antes de cerrar perfectamente el recipiente introduzca un cerillo encendido. El estado inicial es una mezcla de aire y gasolina. El cerillo encendido funciona como un catalizador de una reacción química. Un catalizador es un agente externo que acelera la combinación química de dos sustancias reactantes, aire y gasolina, pero no forma parte formalmente en el balance de la ecuación química.

Lo que ocurre dentro del recipiente es una reacción química con una generación de calor súbita que se conoce como combustión. Al final de la combustión, el aire y la gasolina se han mezclado y los productos de la combustión son una mezcla de gases que incluye dióxido de carbono, vapor de agua, nitrógeno, entre otros. El estado final es una mezcla de gases. Bien, ¿qué se percibe del sistema desde afuera? La respuesta es absolutamente nada. Si no se percibe ninguna interacción con el medio ambiente, es justo creer que la cantidad de energía en el sistema no cambió. El sistema es aislado y en un sistema aislado, durante cualquier proceso la energía se mantiene constante. Aunque la energía dentro del recipiente no cambió sin embargo se dispersó.

Al principio se encontraba concentrada en los enlaces químicos que mantenían unidas a las moléculas del combustible, carbono e hidrógeno; sin embargo al mezclarse con el oxígeno del aire y con participación de un catalizador, se produce una transformación de energía: la energía química de los enlaces, i.e. la energía que mantiene juntas a las moléculas, al romperse se transforma en calor, y el calor es una manifestación de que la energía se ha dispersado.

Note que nosotros no percibimos el calor, porque estamos fuera del recipiente y éste es adiabático, sin embargo, después de la combustión, la mezcla en el recipiente aumenta su temperatura y presión dentro del recipiente, lo cual significa que ha existido una generación de calor a partir del rompimiento de los enlaces químicos. Cada vez que se produce calor, la energía se dispersa y la dispersión de energía implica una disminución en la capacidad para producir trabajo. A muy grandes rasgos, el motor de un automóvil funciona básicamente igual. Dentro de los cilindros se efectúa la mezcla de aire y gasolina, se enciende esta mezcla con una chispa producida por la bujía y la combustión expande repentinamente un pistón que se acopla a un mecanismo para producir movimiento rotacional en el cigüeñal. El producto de esta combustión son los llamados gases de escape.

Veamos otro ejemplo. Una turbina de vapor aprovecha el cambio de contenido energético de un vapor para mover una flecha. Según la primera ley de la Termodinámica, el trabajo se calcula como el cambio en la entalpía específica del vapor. Sin embargo, para un mismo valor de cambio en la entalpía, existen millones de maneras bajo las cuales la turbina puede producir trabajo. Cada una de estas maneras tiene un valor de cambio de entalpía correspondiente y único. Éste es un resultado sorprendente, ya que parece ser que no alcanza la primera ley para modelar todo lo que ocurre en la naturaleza.

¿Cuál es el punto de toda esta discusión? Bueno, la entropía es una propiedad que dice algo de un sistema. Pero ¿qué es lo que dice realmente y qué pretende describir? ¿Qué tendría de extraño usar los gases de escape para producir movimiento en un motor de combustión si tienen la misma energía que una mezcla de aire y combustible antes de la combustión? La experiencia muestra que, aunque la energía es la misma, es imposible producir la misma cantidad de movimiento rotacional en el cigüeñal utilizando los gases de escape en comparación con la mezcla original de aire y combustible.

Ocurre que aunque dos sistemas tengan la misma energía eso no implica que posean la misma capacidad para producir trabajo. Es por eso, que la definición que nos enseñaron en la preparatoria de que la energía es la capacidad para producir trabajo es incorrecta. Se requiere de otra propiedad para poder describir esta característica de un sistema.

## Desigualdad de Clausius

La desigualdad de Clausius es la expresión matemática de la segunda ley de la termodinámica:

$$\Delta S \geq \sum \frac{Q}{T}$$

donde $Q$ es el calor transferido a través de la frontera y $T$ es la temperatura del sistema. La relación $Q/T$ no es más que la interacción de entropía; es la entropía que se transporta junto con el calor. Siempre que exista una transferencia de calor, habrá transferencia de entropía. La sumatoria implica que en un sistema pueden haber tantas entradas o salidas de calor como se desee y, por tanto, los mismos flujos de entropía.

La desigualdad de Clausius implica que el cambio en la entropía es igual o mayor que el flujo de entropía $Q/T$ que siempre acompaña a una transferencia de calor, $Q$. Según esta ley, para ningún proceso el cambio en la entropía puede ser menor a la suma algebraica de flujos de entropía. Por ejemplo, imagine que a un sistema entran 10 kJ de calor. La frontera de ese sistema se encuentra a 20 °C (293 K), entonces el flujo de entropía es:

$$Q/T = 0.0341 [kJ/K]$$

A primera vista, la segunda ley no nos permite saber cuánto será el cambio en la entropía, pero sí nos dice que es imposible que sea menor a $Q/T$. Si se tiene un sistema adiabático o aislado, se podrá notar que el cambio en la entropía es mayor o igual a cero.

$$\Delta S \geq 0$$

Esto es lo que sugirió a Clausius expresar la segunda ley como que la entropía del universo aumentaba, suponiendo que éste fuera un sistema cerrado.

**Irreversibilidad y generación de entropía** *en una máquina térmica*
La máquina térmica es un dispositivo conjunto de dispositivos que realiza un efecto útil, en este caso trabajo, cuando se le coloca entre dos depósitos de temperatura y, muy importante, realiza un ciclo termodinámico. Un ciclo termodinámico es una serie de procesos que tienen la particularidad de que el estado inicial es siempre igual al estado final.
Aplicando el balance de energía a la máquina térmica, tenemos:

$$\underbrace{Q_H}_{entrada} = \underbrace{W + Q_L}_{salidas}$$

donde $Q_H$ es el calor que recibe del depósito de alta temperatura $T_H$, $W$ es el trabajo producido por la máquina térmica y $Q_L$ es el calor que rechaza a un depósito de baja temperatura. El lector podrá comprobar que no aparece el término que describe al cambio en la energía total del sistema ($\Delta E = 0$). Esto se debe a que en un ciclo, el proceso inicial es el mismo al proceso final, independiente de qué proceso de todos los que conforman al ciclo, se escoja.

Despejando el trabajo obtenemos:

$$W = Q_H - Q_L$$

Esta es la expresión del trabajo de acuerdo a la primera ley de la Termodinámica para una máquina térmica que genera trabajo como efecto útil después de realizar un ciclo (ciclo de potencia). Note que el trabajo máximo posible se obtendría en el caso en que el calor rechazado a un depósito de baja temperatura es cero, $Q_L=0$. Esta es una consecuencia de la primera ley y atendiendo a ésta, se podrían diseñar mejores ciclos si el calor rechazado se redujera a cero. La eficiencia térmica de este ciclo está dada por la relación entre el efecto útil, $W$ y el recurso, $Q_H$, de acuerdo a la siguiente expresión:

$$\eta = W/Q_H = 1 - \frac{Q_L}{Q_H}$$

De igual manera se observa que la eficiencia máxima posible, igual a 1, se obtendría cuando el calor de rechazo, $Q_L$, es cero.

Ahora empleamos la expresión matemática de la segunda ley para un sistema cerrado: la desigualdad de Clausius. Curiosamente se trata de la única ley fundamental de la naturaleza que se expresa mediante una desigualdad. El término $Q/T$ no es más que la interacción o flujo de entropía; es la entropía que se transporta junto con el calor. Siempre que exista una transferencia de calor, habrá transferencia de entropía. La sumatoria implica que en un sistema pueden haber tantas entradas o salidas de calor como se desee y, por tanto, los mismos flujos de entropía. Por supuesto, si el proceso es adiabático, el cambio en la entropía debe ser mayor o igual, cuando menos, a cero.

Para poder trabajar con más comodidad, matemáticamente hablando, eliminemos la desigualdad por el signo más conocido de la igualdad. El lado izquierdo de la desigualdad de Clausius es mayor (tiene más "peso") que el lado derecho o en el mejor de los casos es igual.

Por lo tanto, debemos agregar un término más sumado al lado derecho para poder escribir la igualdad. Este término se le conoce como *generación de entropía*, $S_{gen}$, de la siguiente manera:

$$\Delta S = \sum \frac{Q}{T} + S_{gen}$$

La generación de entropía es un indicador de qué tan desigual sería el cambio de entropía (lado izquierdo) en relación con la suma de los flujos de entropía (lado izquierdo) para un determinado proceso. Entre mayor sea la generación de entropía, mayor es el cambio de entropía para un flujo de entropía constante. De acuerdo a los valores que puede adquirir la generación de entropía, podemos decir que los procesos pueden ser:

$$S_{gen} \begin{cases} > 0, irreversibles \\ = 0, reversibles \\ < 0, imposibles \end{cases}$$

Con respecto a una máquina térmica que realiza un ciclo, la segunda ley se expresa:

$$0 = \frac{Q_H}{T_H} - \frac{Q_L}{T_L} + S_{gen}$$

Despejemos de la ecuación anterior el calor de rechazo $Q_L$:

$$Q_L = Q_H \frac{T_L}{T_H} + T_L S_{gen}$$

¿Qué ocurre si hacemos $Q_L = 0$, de manera que cumplamos con el trabajo máximo según la primera ley? Despejamos $S_{gen}$ cuando $Q_L = 0$:

$$S_{gen} = -\frac{Q_H}{T_H}$$

Debido a que el calor $Q_H$ es positivo y las temperaturas expresadas en Kelvin siempre son positivas, el lado derecho de la ecuación es negativo, lo cual es imposible, debido a la desigualdad de Clausius. La idea de maximizar el trabajo haciendo cero el calor de rechazo es inútil, ya que se trata de una imposibilidad física. Este resultado no tiene nada que ver con la tecnología disponible ni con el tipo de equipos utilizados. Sencillamente es imposible utilizar *completamente* una cierta cantidad de calor proveniente de un depósito de alta temperatura para producir la misma cantidad de trabajo.

Si sustituimos la ecuación del calor de rechazo $Q_L$ en la expresión del trabajo según la primera ley, tenemos:

$$W = Q_H\left(1 - \frac{T_L}{T_H}\right) - T_L S_{gen}$$

La ecuación muestra el trabajo extraído de una máquina térmica cuando realiza un ciclo según la primera y segunda ley de la Termodinámica. El primer término de la ecuación corresponde a la fracción del calor suministrado al ciclo a alta temperatura, $Q_H$, que puede convertirse en trabajo. A esta cantidad se le conoce como *exergia* en la literatura europea y energía disponible, en la norteamericana. El segundo término son las irreversibilidades. Se puede notar que el trabajo máximo se obtiene cuando $S_{gen}$ es igual a cero, es decir, cuando el proceso es reversible, ya que $T_L$ no puede ser cero. La segunda ley (desigualdad de Clausius) prohíbe que $S_{gen}$ sea negativa, de manera que el trabajo máximo es igual a la exergia asociada al calor suministrado. Como puede verse, la primera ley nos ofrecía una información incompleta sobre la optimización del trabajo producido por una máquina térmica.

## Ciclo de Carnot

El ciclo de Carnot tiene la particularidad de poseer la máxima eficiencia físicamente posible entre todos los ciclos. Consta de los siguientes procesos:

1. expansión isotérmica
2. expansión isentrópica
3. compresión isotérmica
4. compresión isentrópica

Todos estos procesos son reversibles. Por lo tanto podemos escribir, la desigualdad de Clausius para cada uno de los procesos de la siguiente manera:

1. $\Delta S = \dfrac{Q_H}{T_H} + S_{gen}$

2. $S_{gen} = 0$

3. $-\Delta S = \dfrac{Q_L}{T_L} + S_{gen}$

4. $S_{gen} = 0$

Los procesos isentrópicos 2 y 4 se consideran adiabáticos, de manera que automáticamente la generación de entropía es igual a cero. Por otra parte, los procesos isotérmicos del ciclo 1 y 3 son reversibles únicamente si el cambio de entropía menos el flujo de entropía es igual a cero. Pero, ¿qué es lo que hace que la generación de entropía sea igual a cero? Aún no hemos dicho de qué depende el valor de la generación de entropía, o dicho de otra manera, qué hace que un proceso sea reversible o irreversible. En la mayoría de las problemas, la generación de entropía es la incógnita. Para dar un poco de claridad mencionaremos algunos fenómenos que son inherentemente irreversibles:

a) Transferencia de calor entre una diferencia finita de temperatura

b) Difusión de masa

c) Reacciones químicas

d) Turbulencia

e) Fricción

f) Aceleraciones

Imagine que se realiza un proceso cualquiera. Si se logra volver al estado inicial, mediante cualquier otro proceso que lo devuelva al estado original y no produce cambios en los alrededores (en el sistema no se habrá producido ningún cambio ya que vuelve al estado original), el primer proceso fue un proceso reversible. El proceso irreversible es aquel que deja secuelas en los alrededores, de manera que los alrededores no pueden volver a su estado original a menos que se modifiquen de alguna manera.

**Exergia**

La exergia es la capacidad que tiene cualquier sistema de producir trabajo cuando realiza un proceso desde un estado cualquiera hasta un estado de referencia. En la mayoría de las aplicaciones, ese estado de referencia es el estado en el que se encuentra el medio ambiente, es decir, presión atmosférica y temperatura ambiente. Un sistema que se encuentre a las mismas condiciones del medio ambiente no tiene exergia.

La exergia es la fracción de energía que puede realizar trabajo. En la escuela europea de termodinámica, se ha acuñado el término exergia por un profesor esloveno llamado Rant, y se ha popularizado, sobre todo por los investigadores de Europa del Este. En los EE.UU., Joshia Willard Gibbs fue el primero en acuñar el término energía disponible que se ha mantenido en la escuela americana de Termodinámica.

La exergia surge como un concepto perfectamente útil en el momento en que se establece que, a pesar que la energía es una propiedad que se mantiene constante en cualquier proceso, existe consumo de una parte de la energía que pierde calidad. La calidad de la energía es la característica más importante cuando se quiere producir trabajo.

## EPÍLOGO

Estas notas representan un esfuerzo por ilustrar con ejemplos sencillos y cotidianos los conceptos fundamentales de la Termodinámica. Con estas notas el estudiante de cursos introductorios o las personas sin experiencia en la materia puede relacionar los fríos y poco amigables conceptos de la Termodinámica con ciertos sucesos de la vida diaria y en el ámbito comercial, residencial o industrial. Como ya se mencionó en las primeras páginas, esta monografía no representa una sustitución de los clásicos libros de texto de Termodinámica cuyo uso es crítico para un buen entendimiento de esta ciencia. Tampoco la intención de los autores es profundizar sobre los conceptos y las aplicaciones relacionados con la Termodinámica: no es un tratado extenso del tema, más bien una manera diferente de ver exactamente los mismos conceptos y herramientas que se estudian en un curso formal de la materia.

www.ingramcontent.com/pod-product-compliance
Lightning Source LLC
Chambersburg PA
CBHW031448210526
45464CB00005B/2367